21世纪BIM教育系列丛书

BIM 技术在土木工程的设计和应用教程

李赢　齐宝欣　哈娜　武一◎编

清华大学出版社
北　京

图书在版编目(CIP)数据

BIM 技术在土木工程的设计和应用教程/李赢等编.—北京：清华大学出版社，2022.4
(21 世纪 BIM 教育系列丛书)
ISBN 978-7-302-56711-0

Ⅰ.①B… Ⅱ.①李… Ⅲ.①土木工程－建筑设计－计算机辅助设计－应用软件－教材
Ⅳ.①TU201.4

中国版本图书馆 CIP 数据核字(2020)第 201716 号

责任编辑：秦　娜　赵从棉
封面设计：陈国熙
责任校对：赵丽敏
责任印制：宋　林

出版发行：清华大学出版社
　　　　网　　　址：http://www.tup.com.cn，http://www.wqbook.com
　　　　地　　　址：北京清华大学学研大厦 A 座　　　　　　邮　　编：100084
　　　　社 总 机：010-83470000　　　　　　　　　　　　邮　　购：010-62786544
　　　　投稿与读者服务：010-62776969，c-service@tup.tsinghua.edu.cn
　　　　质量反馈：010-62772015，zhiliang@tup.tsinghua.edu.cn
印 装 者：三河市金元印装有限公司
经　　销：全国新华书店
开　　本：185mm×260mm　　　印　张：11.75　　　字　　数：285 千字
版　　次：2022 年 4 月第 1 版　　　　　　　　　　　印　　次：2022 年 4 月第 1 次印刷
定　　价：39.80 元

产品编号：088743-01

前　言

本书阐述了建筑信息模型(building information modeling,BIM)的定义、特征和优势,总结了 BIM 的内涵,分析了 BIM 的发展历程及研究现状,明确了 BIM 的发展方向和研究热点,简要介绍了我国 BIM 的应用状况,详细介绍了 BIM 技术的基本建模方法及其在土木建筑工程、道路桥梁与渡河工程中的应用。

本书紧跟时代步伐、贴近项目实践,将理论技术与实际工程深度结合,更加侧重 BIM 在实际工程中的应用,内容贴合教学大纲和职业认证考试大纲,帮助读者由浅入深、从理论到实践具体地学习建模知识。尤其算例内容以基本建模技术为基础,深化组合为具体的项目实例模型,对于读者就业后的具体工作和职业资格认证考试具有直接的帮助。

本书共 7 章,其中,第 1～4 章由防灾科技学院李赢、沈阳建筑大学齐宝欣共同编写;第 5～7 章由哈娜编写。沈阳建筑大学武一为本书的校对和图形绘制做了大量工作。全书由李赢负责统稿。

此外,沈阳大学副校长王晓初教授审阅了书稿,并提出了许多意见和建议,在此深表感谢。

本书在编写过程中,参阅了相关书籍和技术文献,在此,向有关专家和作者致以诚挚的谢意。由于编者水平有限,书中难免存在不足之处,敬请读者批评指正。

编　者

2022 年 2 月

目　录

第 1 章　BIM 技术在土木工程领域的发展与未来 ······················ 1

1.1　引言 ··· 1
1.2　BIM 技术的概念和特点 ························· 2
   1.2.1　BIM 技术的概念 ························ 2
   1.2.2　BIM 技术的优越性 ······················ 2
   1.2.3　BIM 技术现阶段发展的缺陷 ··············· 3
1.3　BIM 技术在土木工程领域的应用 ················ 4
   1.3.1　BIM 技术在建筑设计中的具体应用 ·········· 4
   1.3.2　BIM 技术在结构设计中的具体应用 ·········· 7
   1.3.3　BIM 技术在桥梁设计中的具体应用 ·········· 8
1.4　BIM 技术在土木工程领域的应用前景 ············ 10
1.5　本章小结 ······································ 11

第 2 章　Revit 的建模方法和流程 ····················· 12

2.1　Revit 系列软件简介 ··························· 12
2.2　界面介绍 ······································ 13
   2.2.1　应用程序菜单 ·························· 13
   2.2.2　新建样板 ····························· 13
   2.2.3　界面布局介绍 ·························· 15
   2.2.4　项目信息的修改 ························ 16
   2.2.5　项目中图元素类型的查看 ················· 17
2.3　Revit 基本图元的绘制 ························· 18
   2.3.1　项目参照平面的绘制 ···················· 18
   2.3.2　标高的绘制 ··························· 18
   2.3.3　轴网的绘制 ··························· 18
   2.3.4　轴线的编辑 ··························· 19
   2.3.5　轴网在立面上的影响范围 ················· 19
   2.3.6　轴网和标高的锁定 ····················· 21

2.3.7　立面图的含义和表示范围 ·· 21

2.3.8　墙体的绘制 ··· 22

2.3.9　柱网的绘制 ··· 22

2.3.10　门窗的绘制 ··· 23

2.3.11　幕墙的绘制及幕墙嵌板的插入 ············· 23

2.3.12　楼梯的绘制 ··· 25

2.3.13　绘制楼板 ·· 26

2.3.14　坡道的绘制 ··· 26

2.3.15　扶手的创建 ··· 28

2.3.16　屋顶的创建 ··· 29

2.3.17　洞口的创建 ··· 30

2.4　视图的添加和深化 ··· 30

2.4.1　视图的添加与设置 ·································· 30

2.4.2　透视图的添加与设置 ······························ 30

2.4.3　剖面图的添加与设置 ······························ 31

2.4.4　详图索引的添加与设置 ··························· 31

2.5　注释方法和符号添加 ·· 32

2.5.1　墙的注释的设置及添加 ··························· 32

2.5.2　尺寸标注的修改 ···································· 32

2.5.3　箭头标注的添加和编辑 ··························· 33

2.5.4　标高符号的添加 ···································· 34

2.5.5　文字注释的添加 ···································· 34

2.5.6　线型和填充图案的添加 ··························· 36

2.6　图框的添加和排版 ··· 36

2.6.1　图框的添加 ·· 36

2.6.2　图框排版 ··· 37

2.6.3　图纸或视图的导出 ·································· 37

2.7　本章小结 ··· 38

第 3 章　BIM 技术在建筑设计领域的应用 ···························· 39

3.1　方案设计阶段 ··· 40

3.1.1　场地分析 ··· 41

3.1.2　建筑策划 ··· 41

3.1.3　方案论证 ··· 43

3.2　技术设计阶段 ··· 44

3.2.1　可视化设计 ·· 44

3.2.2　协同设计 ··· 45

3.2.3　性能化分析 ·· 46

3.3　施工图绘制阶段 ·· 47

3.3.1 施工进度模拟 ··· 48

3.3.2 施工组织模拟 ··· 48

3.4 本章小结 ·· 49

第 4 章 BIM 技术在钢结构设计中的应用 ································· 50

4.1 引言 ·· 50

4.2 钢结构梁 BIM 模型 ··· 50

4.2.1 梁的创建 ·· 50

4.2.2 梁系统的创建 ·· 51

4.2.3 梁的属性编辑 ·· 52

4.3 钢结构柱 BIM 模型 ··· 53

4.4 钢结构楼板 BIM 模型 ··· 54

4.5 钢结构 BIM 模型及应用 ··· 54

4.5.1 典型钢结构 BIM 模型 ····································· 54

4.5.2 应用 BIM 技术的项目收益 ································· 57

4.5.3 典型的 BIM 建模算例及应用 ······························ 57

4.6 本章小结 ·· 62

第 5 章 BIM 技术在桥梁设计中的应用 ································· 63

5.1 引言 ·· 63

5.1.1 BIM 基础知识 ·· 63

5.1.2 Revit 软件的操作界面 ···································· 65

5.1.3 Revit 的基本术语 ·· 69

5.2 桥梁基础 BIM 模型 ··· 76

5.2.1 杯形基础族 ·· 76

5.2.2 桩基础族 ·· 79

5.3 桥梁墩台 BIM 模型 ··· 86

5.3.1 重力式混凝土桥台 ·· 87

5.3.2 肋板式桥台 ·· 88

5.3.3 重力式桥墩 ·· 91

5.3.4 柱式桥墩 ·· 95

5.3.5 异形桥墩 ·· 99

5.4 桥梁主梁 BIM 模型 ··· 101

5.4.1 空心板梁 ·· 101

5.4.2 T 形梁 ·· 103

5.4.3 箱形梁 ·· 103

5.5 典型案例 ·· 110

5.5.1 斜拉桥 BIM 模型 ··· 110

5.5.2 拱桥 BIM 模型 ··· 113

5.6　图纸输出 ……………………………………………………………… 115

　　5.6.1　创建图纸与设置信息……………………………………………… 115

　　5.6.2　图纸导出与打印…………………………………………………… 120

5.7　本章小结 …………………………………………………………… 127

第 6 章　BIM 技术在桥梁工程施工阶段的应用 …………………………… 128

6.1　引言 ………………………………………………………………… 128

6.2　桥梁施工过程动态模拟 …………………………………………… 130

　　6.2.1　对象动画创建……………………………………………………… 130

　　6.2.2　脚本动画创建……………………………………………………… 133

　　6.2.3　施工进度动画模拟创建…………………………………………… 134

6.3　碰撞检查 …………………………………………………………… 138

　　6.3.1　施工机具的碰撞检查……………………………………………… 139

　　6.3.2　移动路径检查……………………………………………………… 142

6.4　工程量统计 ………………………………………………………… 146

6.5　施工进度管理 ……………………………………………………… 150

6.6　本章小结 …………………………………………………………… 153

第 7 章　BIM 技术在桥梁运营管理阶段的应用 …………………………… 154

7.1　引言 ………………………………………………………………… 154

7.2　BIM 管理的应用 …………………………………………………… 156

　　7.2.1　模型管理…………………………………………………………… 156

　　7.2.2　人员管理…………………………………………………………… 162

　　7.2.3　数据管理…………………………………………………………… 165

7.3　制定维修整改实施方案 …………………………………………… 167

7.4　风险因素分析 ……………………………………………………… 172

　　7.4.1　各阶段风险分析概述……………………………………………… 172

　　7.4.2　BIM 技术在桥梁风险分析中的优势 ……………………………… 173

　　7.4.3　风险分析过程……………………………………………………… 173

7.5　本章小结 …………………………………………………………… 177

参考文献 …………………………………………………………………… 178

第1章

BIM技术在土木工程领域的发展与未来

1.1 引 言

建筑信息模型(building information modeling,BIM)技术目前已经在全球范围内得到业界的广泛认可,帮助实现建筑信息的集成,从建筑的设计、施工、运行直至建筑全生命周期,各种信息始终整合于一个三维模型信息数据库中。设计团队、施工单位、设施运营部门和业主等各方人员可以基于BIM进行协同工作,有效提高工作效率、节约资源、降低成本,以实现可持续发展。

BIM技术的核心是通过建立虚拟的建筑工程三维模型,利用数字化技术,为这个模型提供完整的、与实际情况一致的建筑工程信息库。该信息库不仅包含描述建筑物构件的几何信息、专业属性的状态信息,还包含非构件对象(如空间、运动行为)的状态信息。借助这个包含建筑工程信息的三维模型,大大提高了建筑工程的信息集成化程度,从而为建筑工程项目的相关利益方提供了一个工程信息交换和共享的平台。

随着全球建筑工程设计行业信息化技术的发展,BIM技术在发达国家逐步得到普及与发展。在中国,建筑信息模型被列为建设部国家"十一五"计划的重点科研课题。

近几年,BIM技术获得了国内建筑领域及业界的广泛关注和支持,整个行业对掌握BIM技术人才的需求越来越大。如何将高校教育体系与行业需求相结合,培养并为社会提供掌握BIM技术并能学以致用的专业人才,成为建筑和土木工程领域教学所面临的挑战。

BIM不仅是强大的设计平台,更是创新应用一体化设计与协同工作方式的结合,将对传统设计管理流程和设计院工程师的结构性关系产生变革性的影响。高专业水平技术人员将从繁重的制图工作中解脱出来而专注于专业技术本身,而较低人力成本、较高软件操作水平的制图员、建模师、初级设计助理将担当起大量的制图建模工作,这为社会提供了一个庞大的就业机会。同时为大专院校的毕业生就业展现了新的前景。

1.2 BIM 技术的概念和特点

1.2.1 BIM 技术的概念

BIM 技术是指基于最先进的三维数字设计和工程软件构建"可视化"的数字建筑模型。该数字建筑模型为设计师、建筑师、水电暖通工程师、开发商以及用户等各环节人员提供"模拟和分析"的科学协作平台,帮助他们利用三维数字模型对项目进行设计、建造和运营管理。对于设计师、建筑师和工程师而言,应用 BIM 技术是实现设计工具从二维到三维的转变。BIM 技术最终的目的是使工程项目在设计、施工和用户使用等各个阶段都能够有效地实现节能、降低成本、减少污染和提高效率。

Autodesk 公司对 BIM 技术的定义是建筑信息模型,指建筑物在设计和建造过程中,创建和使用的"可计算数字信息"。而这些数字信息能够被程序系统自动管理,使得经过这些数字信息所计算出来的各种文件,自动地具有彼此吻合、一致的特性。国际标准化组织设施信息委员会(Facilities Information Council)关于 BIM 的定义为:在开放的工业标准下对设施的物理和功能特性及其相关的项目生命周期信息的可计算或可运算的形式表现,从而为决策提供支持,以便更好地实现项目的价值。

借助 BIM 技术,设计人员可在整个过程中使用协调一致的信息设计出新项目,可以更准确地查看并模拟项目在现实世界中的外观、性能和成本,还可以创建出更准确的施工图纸。

由于建筑信息模型需要支持建筑工程全生命周期的集成管理环境,因此建筑信息模型的结构是一个包含数据模型和行为模型的复合结构。其中,数据模型包括几何图形和数据,行为模型包括管理相关行为,二者通过关联数据相结合,可以模拟真实项目的行为,例如模拟建筑结构的应力状况、围护结构的传热状况。当然,模型的模拟与信息的质量是密切相关的。

1.2.2 BIM 技术的优越性

在美国、欧洲、日本和新加坡等发达国家和地区,BIM 技术广泛应用于设计阶段、施工阶段、建成后的维护和管理阶段。在国内 BIM 技术也有初步的应用,例如:奥运村空间规划和物资管理信息系统、南水北调工程和香港地铁项目等。BIM 不仅应用于设计阶段,还可应用于建设工程项目的全寿命周期中(用 BIM 进行设计属于数字化设计,BIM 的数据库是动态变化的,在应用过程中会不断更新、丰富和充实),为项目参与各方提供了协同工作的平台。我国第一部 BIM 标准为《建筑工程信息模型应用统一标准》(GB/T 51212—2016),该标准于 2018 年 1 月 1 日开始实施,基于国内外 BIM 标准,BIM 技术的特点可归纳为以下几个方面。

1. 模型信息的完备性

BIM 技术不仅对工程对象进行 3D 几何信息和拓扑关系的描述,还包括完整的工程信息描述,如对象名称、结构类型、建筑材料、工程性能等设计信息;施工工序、进度、成本、质量以及人力、机械、材料资源等施工信息;工程安全性能、材料耐久性能等维护信息;对象之间的工程逻辑关系等。

2. 模型信息的关联性

信息模型中的对象是可识别且相互关联的,系统能够对模型的信息进行统计和分析,并生成相应的图形和文档。如果模型中的某个对象发生变化,与之关联的所有对象都会随之更新,以保持模型的完整性。

3. 模型信息的一致性

在建筑生命周期的不同阶段模型信息是一致的,同一信息无需重复输入,而且信息模型能够自动演化,模型对象在不同阶段可以简单地进行修改和扩展,而无需重新创建,避免了信息不一致的错误。

4. 解决建筑领域信息化的瓶颈问题

BIM 技术能够建立单一工程数据源,推动现代 CAD 技术的应用,进而促进建筑生命周期管理,实现建筑生命周期各阶段的工程性能、质量、安全、进度和成本的集成化管理,对建设项目生命周期总成本、能源消耗、环境影响等进行分析、预测和控制。

5. 用于工程设计

BIM 技术能够实现三维设计和不同专业设计之间的信息共享,同时能够实现虚拟设计和智能设计,进而实现设计碰撞检测、能耗分析和成本预测等。

6. 用于施工及管理

BIM 技术能够实现动态、集成和可视化的 4D 施工管理功能,并将建筑物及施工现场 3D 模型与施工进度相链接,以及与施工资源和场地布置信息集成为一体,建立 4D 施工信息模型。实现建设项目施工阶段工程进度、人力、材料、设备、成本和场地布置的动态集成管理及施工过程的可视化模拟。

BIM 技术能够实现项目各参与方协同工作和信息共享。基于网络实现文档、图档和视档的提交、审核、审批及利用。项目各参与方通过网络协同工作,进行工程洽商、协调,实现施工质量、安全、成本以及进度的管理和监控。

1.2.3　BIM 技术现阶段发展的缺陷

国内相关企业虽然大力推动 BIM 技术的研究、应用和推广,但仍有一些问题需要解决。

1. BIM 是一个综合项目管理平台

BIM 不是一个单一的软件,而是一个集成各专业、各平台和各软件功能的高层次平台。

负责各专业、各平台的人员在同一个平台上操作,实现数据信息的流转和交换,各专业、各部门之间的协同作业成为该系统运转的核心。同时,也需要一定时间来制定并完善相关的标准和规范,开发相关的软件,培养相关专业人才。

2. BIM 的多重应用

对建筑企业而言,BIM 技术不仅应用于项目投标和项目管理,其更大的作用是在企业管理中的应用。将企业的所有项目和资源都集中在一个平台,可提高企业的资源调配能力,大幅减少企业管理的层级,且各项审批、审核都可以变得直观、透明、简单,从而提高企业的生产效率。要真正实现这个目标,最难解决的问题不是技术和培训,而是要使目前企业的各级管理人员切实转变观念,能够真正主动去接受和学习 BIM 技术并愿意主动投放资源,将BIM 技术应用到项目管理和企业管理中去。

3. 软件工具尚未完善,硬件要求过高

BIM 工具专业设计功能中的绘图元素与当地使用对象未必相符、本地化不足,目前版本更新频繁、软件价格过高、人员学习无法同步以及 BIM 技术服务商的技术支持能力参差不齐等。

4. 使用 BIM 的动力与压力不够

市场需求仍未明确,业界仍持观望态度,且尚未发展出标准作业流程,操作界面单一化,设计端仍使用 CAD,建模压力需由施工端承担。

5. 企业转变发展需负担高成本与风险

软硬件更新费用过高,人才培训师资不足,新技术尚未成熟,与现有设计成果进行转化、衔接困难,存在变革无用的风险等,且将改变传统分工模式以及公司内部运作方式。

1.3 BIM 技术在土木工程领域的应用

1.3.1 BIM 技术在建筑设计中的具体应用

BIM 技术在建筑设计中得到了广泛的应用,例如黔江展览馆、上海世博会中国馆、上海世博文化中心、上海案例馆、上海世博会芬兰馆等,如图 1-1~图 1-5 所示。

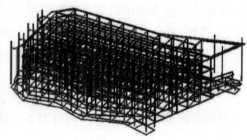

图 1-1 黔江展览馆

图 1-2　上海世博会中国馆

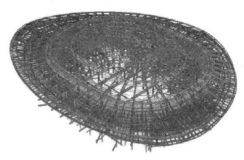

图 1-3　上海世博文化中心

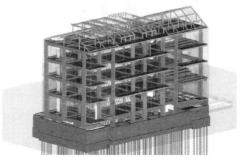

图 1-4　上海案例馆

图 1-5　上海世博会芬兰馆

BIM 技术在建筑设计方面的应用主要集中在以下几点。

1. 方案辅助设计

在方案辅助设计方面,BIM 技术能够较好地提高建筑设计的效率,通过信息化图纸的管理和整理技术有效地把建筑设计图纸快速传至客户处,方便设计师直观地从模型中较快地获取有关建筑的多角度视图,便于其对图中模型进行修改和优化设计;运用 BIM 技术,还可在系统中实现建筑模型自动生成图纸、文档,进而实现建筑设计自动生成立体化的模型。设计师根据自动生成的建筑设计模型提出有利的修改意见,或者进行数据的更改,有助于提高建筑设计和施工的效率。

2. 在场地分析和建筑结构中的应用

在建筑工程施工中,一定要确定建筑结构设计的合理性。通常,在建筑工程施工中,建筑环境和相关的水文地质状况对于建筑结构存在一定的影响,特别是在一些施工较为复杂的地形中,场地以及空间规划非常重要,因此将 BIM 技术和地理信息相结合,对于建筑工程相应的施工场地能够实现模拟。在这种环境中实施建筑模型的建造,就能够对建筑施工场地进行全面的分析和了解,同时采用相关的模型来对规划实现可视化的分析,包括对室内视野实现分析和对其周边道路实现可视化等;同时,可在此基础上选取科学合理的建筑地点,使得建筑结构和所选的场地之间具有一定的适应性,以此保证建筑结构设计的科学合理。

3. 构建部分结构模型

BIM 模型中有建造信息、力学性能、成本、材料和几何等多种属性。目前的 IFC[①] 模型能够满足大部分模型构件的属性。以下以墙体为例定义关联关系,在 IFC 模型中定义构件的多层材料。墙体主要由内墙面砖、结构层、隔热层和外墙面砖四部分组成:①要对材料属性进行定义;②利用材料层集合将实体、材料层集合实体和材料分层实体等进行材料模型的定义;③利用材料关联实体进行墙体材料与墙体的关联。

4. 构建整体结构模型

对于建筑工程项目的具体设计工作而言,相应的整体结构设计是比较核心的部分,其同样也直接关系到后续建筑物的构建和应用效果的可靠性。在这种建筑物整体结构的设计构建中,恰当运用 BIM 技术能够表现出较为理想的应用价值,其能够针对各个方面的基本需求进行综合考虑,进而也就能够保障整体结构的设计较为科学合理,避免出现任何一个方面的偏差问题。例如对于梁结构、柱结构以及楼梯等构件,都可以借助 BIM 技术进行合理设计,促使其能够在整个体系中形成理想的效果。此外,BIM 技术还可以在力学荷载计算方面表现出较为理想的效果,其能够较好地分析整体作用力是否合理可靠,进而能够维系系统的平衡性效果,最终确保相应建筑设计工作能够得到最佳呈现。当然,对于建筑工程项目的抗震性等基本指标,也可以通过 BIM 技术在建筑信息模型中进行充分思考和处理,确保其整体稳定性。

---

① 建筑对象的工业基础类(industry foundation classes,IFC)数据模型标准是由国际协同联盟在 1995 年提出的标准。该标准是为了促成建筑业中不同专业,以及同一专业中的不同软件可以共享同一数据源,从而达到数据的共享及交互。

1.3.2　BIM 技术在结构设计中的具体应用

近几年 BIM 技术在国内发展迅速,在结构设计中应用越来越多,特别是利用 BIM 技术辅助结构设计,实现从建模到施工图到数字化交付的全过程应用。

1. BIM 在结构设计应用中的难点

1）缺乏标准体系

BIM 技术目前处于探索发展的阶段,国内还未出台相应的结构设计规范和标准。由于 BIM 技术中包含信息的传递,因此迫切需要解决 BIM 相关的规范、标准与软件的协调性问题。

2）应用和交付问题

在设计的不同阶段,BIM 技术设计的程度不同,设计标准也不一样,参与设计的各个部门的分工和工作内容也有所差异。

3）BIM 技术的应用对设备要求较高

BIM 技术正处于前期的推广应用阶段,目前的发展存在以下几方面的问题：应用的软件主要是国外制作的软件,模型复杂,因此对硬件设备要求较高；除此之外,各软件模块之间衔接不完善,数据共享、数据传递程度较低,导致 BIM 技术的数据传递需要进一步提高。

4）使用成本过高

BIM 技术对于人员技术和硬件设备要求较高,因此需要一定资金购买设备、培训人员,同时还需要不断对软件和硬件设备进行更新。

5）BIM 技术存档问题

BIM 技术对于存档的硬件配置要求较高,因此为满足存档要求,成本不断增加。

应用 BIM 技术进行结构设计的优势如下：在对结构进行初步设计的过程中,BIM 技术是信息的载体模型,它包含了结构设计过程中的全部信息,不仅能够展示结构的外表,而且还能有效地体现结构的细节,因此 BIM 技术在结构设计的过程中,可以最大限度地实现结构的可视化效果。在深化设计方面,传统的设计技术尚未能完全展示结构工程师的想法和结构整体,并不利于工程师一一核查。BIM 技术采用碰撞检查,使得结构设计的检查核准过程有很大的优势。应用 BIM 技术的协作系统,相关的专业人员能够在同一个平台上同时进行有效的工作,实现了各部门之间的信息共享,设计人员可以对同一位置进行修改,并实现同步,使其他设计人员迅速得知修改的信息,减少信息传递的时间,提高了设计的工作效率。目前的结构设计一般采用二维图纸呈现结构,而 BIM 介入后,把结构做成一个完整的虚拟整体,从而使设计的结构更加完整、直观。

2. BIM 在结构设计中的应用

BIM 技术的引入,对于提高结构的设计质量帮助显著。对于结构设计人员来说,最重要的是有效保证结构设计的质量。但传统的设计流程具有很大的局限性,设计师没有时间和精力对结构设计的质量和细节一一审核,因此对结构设计没有完全把握,导致在施工过程中会遇到一些突发的问题,施工完成后也与预想的有些差别,从而导致结构不能充分地表达设计师的想法,施工结果也不能满足客户的要求。通过 BIM 技术的介入,可以提高结构的表达精度,每个构件都有相应的属性和参数,三维立体的图纸使结构的信息表达更加完整、全面,对于提高设计质量效果明显。

1) 模型建立

BIM 技术可以将结构的三维实体模型用真实的构件表示出来,与传统的设计技术相比,突破了 CAD 技术只能绘制二维平面施工图的弊端。BIM 技术可以利用三维模型图直观地表示各构件与整体结构之间的关系。在进行实际的构件设计过程中,使用 BIM 技术可以实现结构模型的可视化,根据建筑结构的动态变化,对结构的构件进行合理有效的设计,从而制定高效合理的结构设计方案。在使用 BIM 技术进行结构设计时,可以迅速发现存在的问题,及时调整设计方案,从而提高设计质量。

2) 参数化设计

在 BIM 系统中,数据库整合了整个结构的所有信息,这些信息是共享的,参与设计的人员都可以随时调取相关资料。方案设计和初步设计是施工图设计的基础,奠定好基础是施工图设计成功的关键。BIM 的参数化设计正好可以实现这一目的。BIM 技术结合了参数化的三维实体模型设计结构单元,将点、线、面等平面元素替换为基础、梁、柱等构件,而且将大量使用的构件定义为族,族中包含几何信息、材料信息、逻辑信息等。

3) 设计过程优化

BIM 技术在传统的设计流程上做了优化。BIM 技术的结构设计流程为:在 BIM 数据库中导出建筑几何信息—结构设计师制定结构设计方案—对结构方案进行优化,初步确定结构选型和布置—建立初步分析模型—通过软件对设计结构进行分析和优化,完成截面设计—专业人员分析评估结构模型并输入 BIM 数据库,做碰撞检查等复核。如有问题继续重复上述步骤,没问题即可绘制施工图。

3. BIM 在结构设计中尚需完善之处

(1) 完整的项目样板设计都是基于项目样板开展的,应用 BIM 技术,形成良好的样板,有利于顺利开展设计过程,减少设计过程中的重复工作。尽快建立一套适合国情的项目样板,有利于 BIM 在设计中被更好地运用,同时也能满足国内不同客户对于设计的要求。

(2) 在进行钢筋混凝土施工图绘制过程中,传统设计采用平面方法表示,BIM 技术的应用使平面表示法的内容更加完整,因为 BIM 模型能够更加便捷地提取数据和关键信息,从而满足各种施工要求。

(3) BIM 中应用最广的两个软件是 Revit 和 PKPM,Revit 主要用于 BIM 模型的建立,PKPM 主要用于分析结构的受力分析和建筑设计,这两种软件不能无缝地配合使用,还要通过第三方软件进行有效转换,从而将数据转换为通用格式。

1.3.3　BIM 技术在桥梁设计中的具体应用

BIM 技术在桥梁工程设计中的应用具有传统设计技术无法比拟的巨大优势。首先,有助于提升设计质量。应用 BIM 技术,可以实现工程项目设计方案的可视化设计,便于在设计方案交流环节开展工程项目设计方案交流工作,便于优化与调整设计方案。其次,有助于开展可视化设计交底工作,且可以模拟施工。应用 BIM 技术,可以构建桥梁工程项目的三维 BIM 模型。借助该模型,可以直观地观察设计方案中的重点、难点,更加便捷地开展技术难度较高的施工模拟工作,进而确保顺利开展桥梁工程建设,且更好地降低施工成本。最后,有助于为桥梁工程项目进行全生命周期管理提供必要依据。在桥梁工程设计环节,通过灵活应用 BIM 技术,为桥梁工程施工提供了更为可靠的依据。

BIM 技术的价值体现在工程建设全生命周期实现各方面信息交流,提高设计、施工和运维管理的效率与质量。其优势表现为:在协同设计平台上进行高效协同设计,在设计中积累库族,提高设计效率;BIM 模型导入分析软件计算,形成设计闭环,在设计平台上进行二次开发设计,在设计阶段绘制三维模型,在施工项目中应用基于 BIM 技术的管理系统,该系统也可应用于桥梁健康监测,日常巡检和维护,如图 1-6 所示。

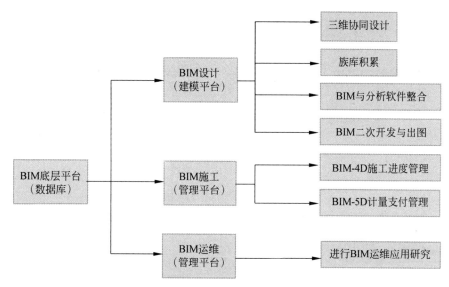

图 1-6　BIM 底层平台构成

通过 BIM 技术协同设计系统,将设计人员按专业分工,统一纳入系统进行协同设计,可以提高设计信息流转效率,如图 1-7 所示。协同设计系统管理整个设计流程,并可与企业其他信息管理系统集成,形成设计企业信息化的构架,如图 1-7 和图 1-8 所示。

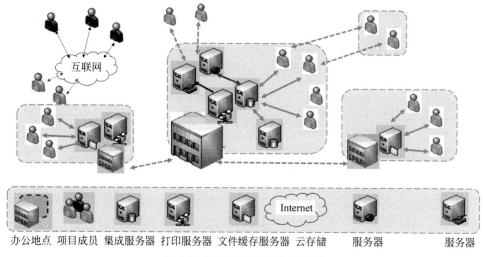

图 1-7　BIM 技术协同设计系统

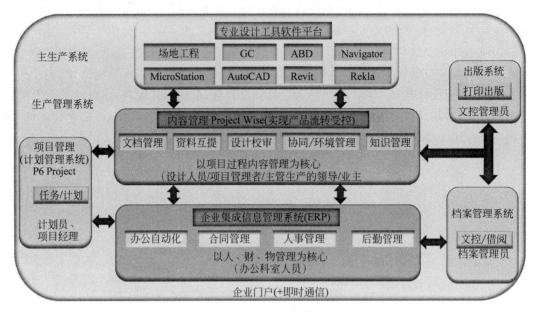

图 1-8　协同设计系统管理平台

BIM 技术在桥梁设计中实现的技术路线和工艺流程如图 1-9 所示。

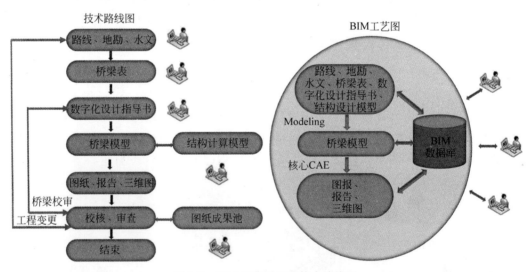

图 1-9　BIM 工艺图以及技术路线图

1.4　BIM 技术在土木工程领域的应用前景

BIM 技术作为实现建设工程项目生命周期管理的核心技术,正引发建筑行业一次史无前例的变革。BIM 技术利用数字模型将贯穿于建筑全生命周期的各种建筑信息组织成一个整体,对项目的设计、建造和运营进行管理,将改变建筑业的传统思维模式及作业方式,建立设计、建造和运营过程的新组织方式和行业规则,从根本上解决工程项目规划、设计、施工和运营各阶段的信息丢失问题,实现工程信息在生命周期中的有效利用与管理,显著提高工程质量和作业效率,为建筑业带来巨大的效益。

1. BIM 在未来工程中的可预见性

BIM 模型带来的直观感受使越来越多的甲方在招标文件中明确指出需要乙方具备 Revit 等 BIM 软件设计能力。由于工程建设的需要也同样使得越来越多的设计单位、施工单位去涉及 BIM 技术领域。

2. BIM 在工程中的优越性

利用 BIM 技术,在工程开始之前设计师就在计算机上模拟整栋建筑,实现了设计师在办公室就可以直观、准确、全面地了解现场情况,提高工作效率,避免了使用 CAD 制图的工程师对现场情况不了解的问题,并在一定程度上减少了工程中组织协调的工作量。

3. BIM 在工程中的可信性

BIM 软件日趋成熟,Revit 能够胜任结构、建筑和机电等各个领域的制图工作。软件完善的同时也缩短了 Revit 的制图时间,虽然较传统 CAD 绘图时间仍然要长,但其极低的容错率足以弥补这一点。阻碍 BIM 发展的最主要原因就是大部分企业对于 BIM 还不够了解,但是已经有一些企业接受了 BIM,相信 BIM 时代即将到来。

1.5　本章小结

本章介绍了 BIM 技术的基本概念,以及 BIM 技术的发展过程,通过分析 BIM 技术的特点和优势,详细介绍了 BIM 技术在建筑设计、结构设计、桥梁设计领域的研究进展,最后提出了 BIM 技术的不足之处。

第2章

Revit的建模方法和流程

2.1 Revit系列软件简介

使用BIM技术,建筑师在施工前能够实现对竣工后建筑的预测,在日益复杂的商业环境中保持竞争优势。BIM是以设计、施工到运营的协调、可靠的项目信息为基础而构建的集成流程。以BIM技术为平台,建筑公司可以在整个流程中使用一致的信息来设计、绘制和创新项目,还可以通过建筑外观的可视化来支持更好的沟通,模拟真实性能以便使得项目各方了解成本、工期和进展情况。

Autodesk Revit(以下简称Revit)是Autodesk公司一套系列软件的名称。Revit系列软件是为建筑信息模型(BIM)构建的,帮助建筑设计师设计、建造和维护质量更好、能效更高的建筑产品,是我国建筑行业BIM体系中使用最广泛的软件之一。在2012(含)之前的版本,Revit Architecture、Revit MEP和Revit Structure是针对三个专业推出的三个独立软件。2013版本之后,Revit Architecture、Revit MEP和Revit Structure软件的功能合并到一起,统称Revit 20##,Revit 2018开始界面见图2-1。

图 2-1　Revit 商标

　　建筑行业竞争激烈,采用先进的技术能够充分发挥专业人员的技能和经验。Revit 软件能够满足使用者在项目设计流程的前期探究新颖的设计概念和外观,在整个施工文档中传达使用者的设计理念,不仅支持可持续设计、碰撞检测、施工规划和建造,同时消除了很多庞杂的任务,便于工程师、承包商和业主间沟通协作。

2.2　界 面 介 绍

2.2.1　应用程序菜单

　　单击【开始】界面的【文件】选项,可以打开【文件】菜单,见图 2-2。在【文件】菜单中分别单击【新建】【保存】【打印】和【退出 Revit】等可以执行相应的命令。

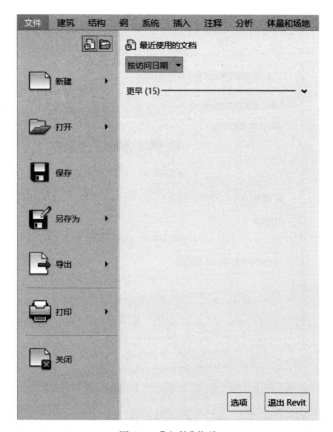

图 2-2　【文件】菜单

　　单击应用程序菜单右下角的【选项】按钮,可以打开【选项】对话框。在【用户界面】选项中,用户可根据工作需要自定义出现在功能区域的选项卡命令,并自定义快捷键,如图 2-3 所示。

2.2.2　新建样板

　　新建样板的方法是,单击界面中【建筑样板】选项,即可创建建筑样板,当然也可以创建其他样板,见图 2-4。

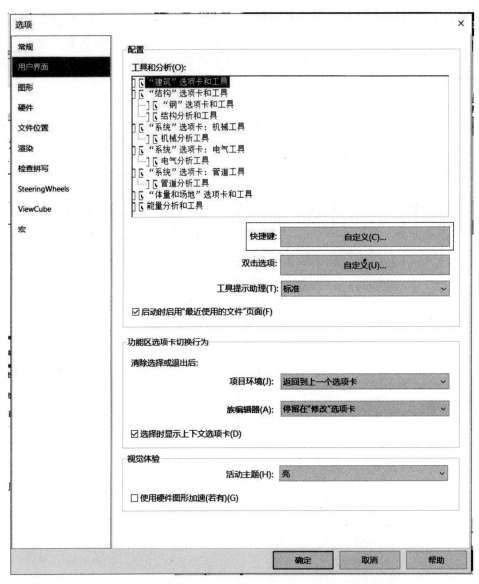

图 2-3 用户界面

图 2-4 新建样板界面

2.2.3　界面布局介绍

创建样板后进入绘图界面,界面各部分功能见图 2-5。

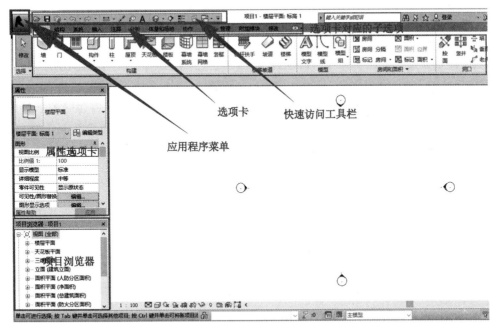

图 2-5　绘图界面

下面详细介绍【快速访问工具栏】【项目浏览器】等部分常用面板及其选项的功能。

1. 快速访问工具栏

快速访问工具栏的形式见图 2-6,其对应的功能如下。

图 2-6　快速访问工具栏

(1)打开:打开项目、族、注释、建筑构件或 IFC 文件。

(2)保存:用于保存当前的项目、族、注释或样板文件。

(3)同步并修改设置:用于将本地文件与中心服务器上的文件进行同步。

(4)撤销:用于在默认情况下取消上次的操作,在任务执行期间显示执行的所有操作的列表。

(5)恢复:恢复上次取消的操作,另外还可恢复在执行任务期间所有已撤销的操作。

(6)文字:用于将注释添加到当前视图中。

(7)三维视图:打开或创建视图,包括默认三维视图、相机视图和漫游视图。

(8)剖面:创建剖面视图。

（9）细线：按照单一宽度在屏幕显示所有线，无论缩放级别如何。

（10）切换窗口：单击下拉箭头，然后单击待显示的视图。

（11）定义快速访问工具栏：自定义在快速访问工具栏上显示的项目。

可以根据需要自定义快速访问工具栏中的工具内容，重新排列顺序。

2．项目浏览器

项目浏览器用于组织和管理当前项目包含的所有信息，如项目所有视图、明细表、图纸、族、组和链接的 Revit 模型等项目资源。Revit 按逻辑层次关系组织这些项目资源，方便用户管理。展开项目类别时，将显示下一层集的内容。图 2-7 为项目浏览器包含的项目内容，其中项目类别前显示【＋】表示该类别中还包括其他子类别项目。在 Revit 中进行项目设计时，最常用的操作就是利用项目浏览器在各视图间进行切换，切换方法为双击各子类别项目。

另外，通过项目浏览器可执行搜索命令。在项目浏览器对话框任意栏目名称上右击，在弹出的快捷菜单中选择【搜索】选项执行搜索命令，可以使用该命令在项目浏览器中对视图、族及族类型名称进行查找和定位。

3．【属性】面板

可以通过【属性】面板查看和修改属性参数。【属性】面板各部分功能见图 2-8。

图 2-7　项目浏览器

图 2-8　【属性】面板

2.2.4　项目信息的修改

一个族的项目信息主要包括标识数据、能量分析和其他三个部分。其中，标识数据信息包括组织名称、组织描述、建筑名称和作者；能量分析信息包括能量设置；其他包括项目的发布日期、项目状态、客户姓名、项目地址和项目名称等信息。

当需要了解项目或者添加项目信息时，选择【管理】菜单中的【项目信息】，可以查看以上信息，还可以按照需求填写项目发布日期和项目编号等其他信息，见图 2-9。

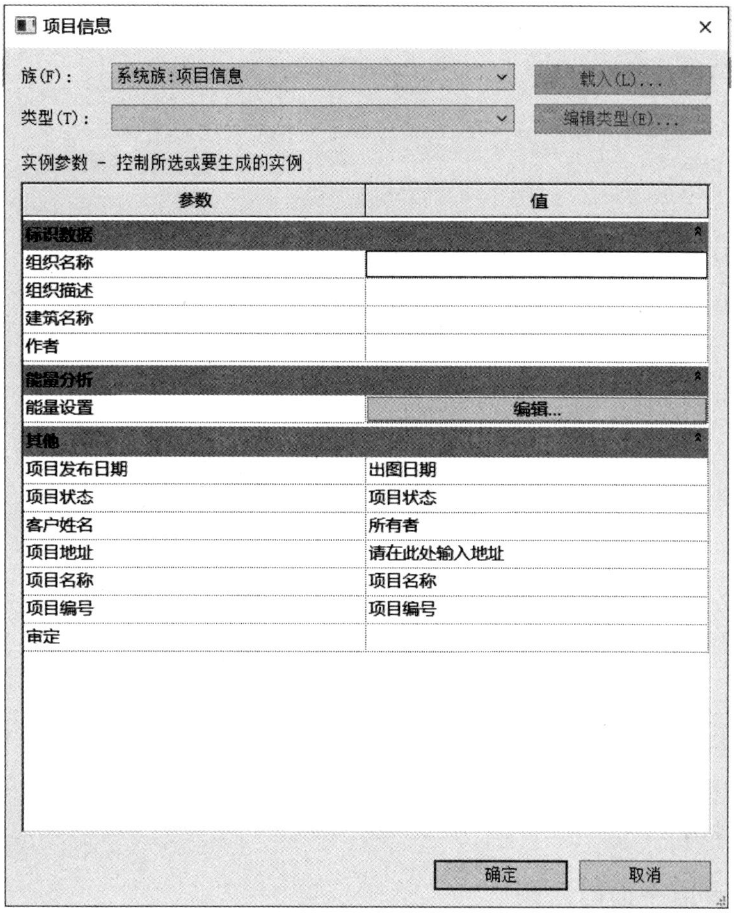

图 2-9　项目信息

2.2.5　项目中图元素类型的查看

如需查看项目图元素类型，则输入下列代码：

```
namespace revit_text
{
[TransactionAttribute(TransactionMode.Manual)]
[RegenerationAttribute(RegenerationOption.Manual)]
public class Class1 : IExternalCommand
 {
public Result Execute ( ExternalCommandData commandData, ref string message, ElementSet
elements)

{
//UIDocument 表示用户在 Revit 中打开的项目对象
//Document 表示根的 Revit 项目对象
UIDocument uiDoc = commandData.Application.ActiveUIDocument;
Document revitDoc = uiDoc.Document;
//获取选中的元素列表
```

```
var elemList = uiDoc.Selection.GetElementIds().ToList();
Element selElem = uiDoc.Document.GetElement(elemList[0]);          //取第一个元素
//根据元素类型 id 获取元素,并把它转换成元素类型
ElementType type = revitDoc.GetElement(selElem.GetTypeId()) as ElementType;
string str = "元素族名称: " + type.FamilyName + "\n" + "元素类型: " + type.Name;
TaskDialog.Show("元素参数",str);
return Result.Succeeded;
```

执行代码后显示元素参数信息,如图 2-10 所示。

图 2-10 元素参数

2.3 Revit 基本图元的绘制

本节介绍 Revit 基本的作图方法及技巧,包括以下几个方面:项目基准参照的绘制、标高的绘制、轴网的绘制、轴线的编辑、轴网在立面上的影响范围、轴网和标高的锁定、立面图的含义和表示范围等。

2.3.1 项目参照平面的绘制

在绘图前,首先需要绘制项目参照平面,绘制方法包括以下四种,使用任意一种即可。
(1) 使用【线】工具或【拾取线】工具来绘制参照平面,在功能区上,单击【参照平面】。
(2) 选择【建筑】选项卡,在【工作平面】面板单击【参照平面】。
(3) 选择【结构】选项卡,在【工作平面】面板单击【参照平面】。
(4) 选择【系统】选项卡,在【工作平面】面板单击【参照平面】。
以上四种方法都可以创建参照平面。

2.3.2 标高的绘制

绘制标高时,标高的注释出现在标高线条的右方。在绘制过程中,Revit 显示提示线条长度,以便使得每一条标高线等长。根据设计楼层数据,完成标高绘制后,单击标高的名称或标高的数据,可以进行相应的修改,直接输入新的名称和相应的标高数据即可完成设置。以上过程即标高的建立。标高绘制成果见图 2-11,每一个标高名称与楼层层数相对应。完成标高的绘制后即可开始绘制轴网。

2.3.3 轴网的绘制

在【建筑】选项卡单击【轴网】,执行轴网绘制命令,见图 2-12。绘制轴线时,单击绘图区

图 2-11　标高绘制

域,并拖动鼠标,即可绘制一条轴线,注意轴线要垂直/水平,绘制方向从左向右,从下向上,以保证轴线的标注正确。重复以上操作,多条轴线组成轴网,绘制时注意轴线之间的距离设置。完成一个方向的轴网绘制后,可以对轴网的长度进行统一调整。方法是选中一条轴线,在轴网的数字标注位置显示一个小的空心圆圈,用光标选中空心圆圈并进行拖动,即可实现一个方向上所有轴线的长度变化,拖动到合适的位置取消光标即可完成调整。完成一个方向的轴网绘制后,需要进行另一个方向的绘制,依旧选择【轴网】命令,并在绘制第一条轴线之后,更改其名称,与另一方向的轴线加以区分。

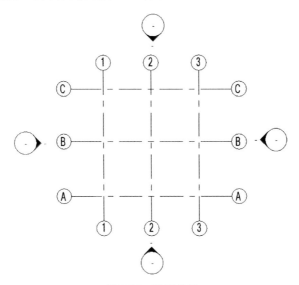

图 2-12　轴网绘制

2.3.4　轴线的编辑

轴线的编辑是对已有图形的轴线进行编辑。打开 Revit 软件,导入文件后,修改轴网样式。在视图浏览器中选择【楼层平面】中的【标高 1】,并单击待编辑的目标轴线,弹出【类型属性】对话框如图 2-13 所示,修改轴网相应参数,单击【确定】按钮。

2.3.5　轴网在立面上的影响范围

单击【修改|轴网】选项卡中的【影响范围】,显示【影响基准范围】窗口,在此窗口下可以修改当前轴网在立面的影响范围,见图 2-14。标高也存在影响范围,但应注意:南立面只能与北立面同步,西立面只能与东立面同步。

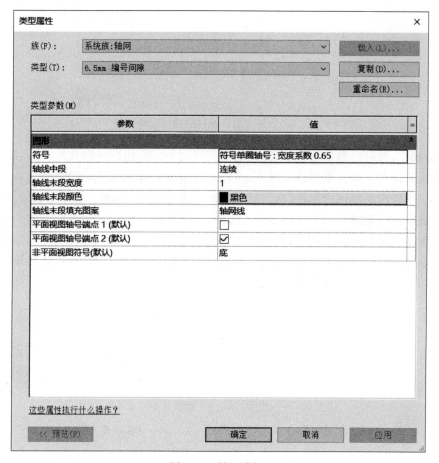

图 2-13　轴网编辑

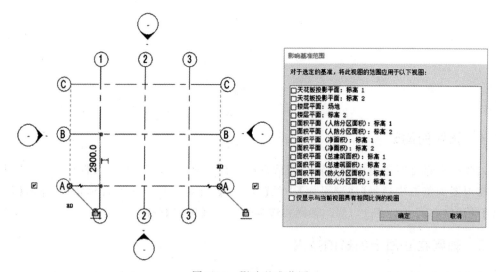

图 2-14　影响基准范围

2.3.6　轴网和标高的锁定

　　锁定轴网和标高功能可以在调整整体位置时保持轴网和标高位置不变,通过【锁头】是否锁定来实现或取消锁定功能。单击【锁头】即可锁定轴网,这时轴网位置随整体位置发生变化而调整;【锁头】解锁时,轴网位置不会随着整体位置变化而调整,见图 2-15。【锁头】对标高也具有相同的作用,单击【锁头】即可锁定标高,这时标高位置随整体位置变化而调整;【锁头】解锁时,标高位置不会随着整体位置变化而调整,见图 2-16。

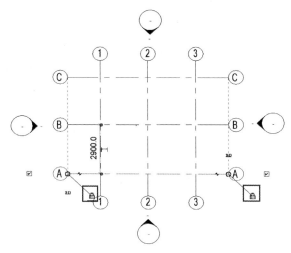

图 2-15　锁定轴网

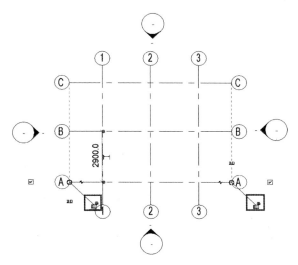

图 2-16　锁定标高

2.3.7　立面图的含义和表示范围

　　在【项目浏览器】窗口的【立面】显示了【东】【南】【西】【北】四个立面图,分别对应建筑的东、南、西、北四个立面,双击可进入相应的立面视图,见图 2-17。

2.3.8 墙体的绘制

首先,在【项目浏览器】窗口定位【楼层平面】选择待绘制墙体的位置。例如:在标高 1 绘制墙体,则单击【标高 1】,见图 2-18。

随后,在【建筑】选项卡单击【墙】,选中【墙:建筑】,见图 2-19。出现【属性】窗口,默认定位线是墙体中心线,见图 2-20,可在【属性】菜单修改默认值。

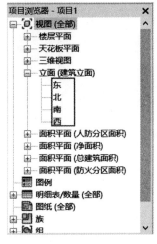

图 2-17　立面视图选项

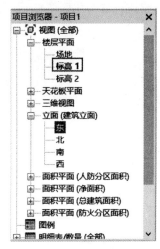

图 2-18　选择标高

图 2-19　选择墙

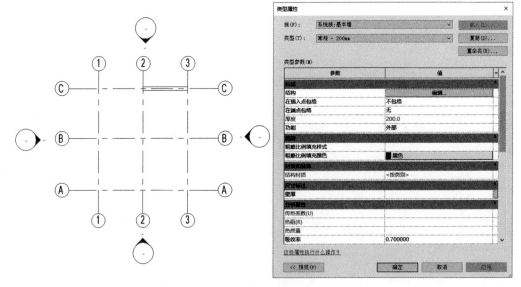

图 2-20　绘制轴网

2.3.9 柱网的绘制

柱网一般和轴网搭配绘制,一般在轴网的交点位置绘制柱。在【建筑】选项卡单击

【柱】选项,系统显示两种柱,分别是【结构柱】和【柱:建筑】,在建筑设计中,常用【柱:建筑】进行建模。其操作过程如下:单击【柱:建筑】执行建筑柱的绘制命令,在建筑柱绘制界面,左侧的【属性】窗口显示柱的具体属性,在【底部标高】和【顶部标高】输入数据设定柱的高度,完成后单击对应的位置放置柱,见图 2-21。在当前平面可视的柱,都会直接显示柱的线条。如果当前平面不可视的柱,通过修改【楼层平面】下的【视图范围】进行调整,即可显示柱。

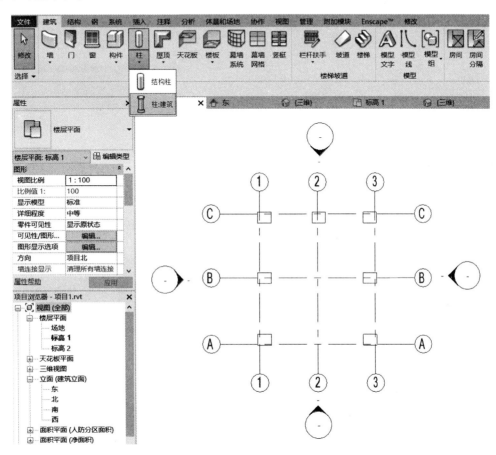

图 2-21　绘制柱网

2.3.10　门窗的绘制

在【建筑】选项卡单击【窗】,在【属性】窗口选择合适的窗类型;将光标移动到墙上,门窗显示可编辑状态,在合适位置单击即可放置门窗;在【属性】窗口单击【编辑类型】,进入【类型属性】编辑器,可以修改门窗的属性参数,见图 2-22。

2.3.11　幕墙的绘制及幕墙嵌板的插入

在多数应用中,幕墙常常定义为薄的、通常带铝框的墙,包含填充的玻璃、金属嵌板或薄石。在【建筑】选项卡选择【墙】,在【属性】窗口选择【幕墙】,见图 2-23。可以使用 Revit 默认的三种不同复杂程度的幕墙类型,也可以对其进行简化或增强。

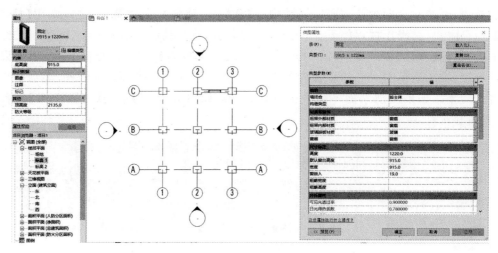

图 2-22　门窗的选择

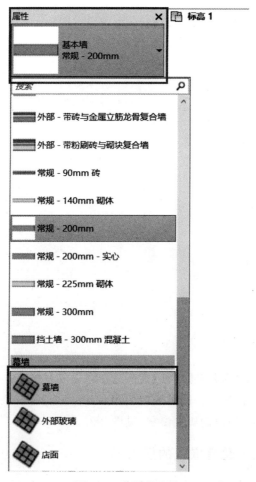

图 2-23　幕墙的选择

2.3.12　楼梯的绘制

在【建筑】选项卡,【楼梯坡道】窗口选择【楼梯】工具,可根据需求绘制楼梯,见图 2-24。首先绘制参照平面并选择起点,随后在选择的方向定位楼梯的终点。先绘制第一段终点和第二段起点,随后绘制第二段终点,单击【完成编辑模式】完成楼梯的绘制,见图 2-25。在绘制过程中,Revit 实时显示已经绘制的踢面数量及剩余踢面数量。

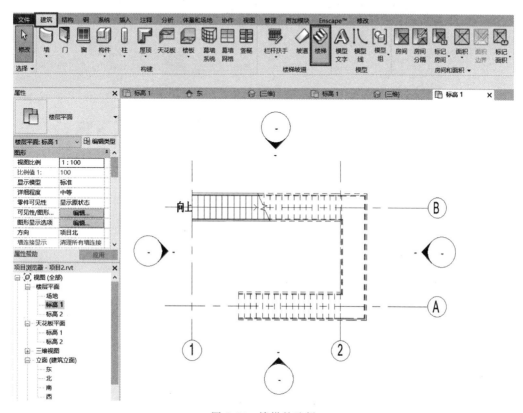

图 2-24　楼梯的选择

图 2-25　楼梯的样式

2.3.13 绘制楼板

选择【建筑】选项卡的【楼板】中的【楼板：建筑】即可开始绘制楼板，将光标放置在墙体位置，按 Tab 键，直至相连的墙体高亮显示。然后单击即可创建楼板，见图 2-26 与图 2-27。

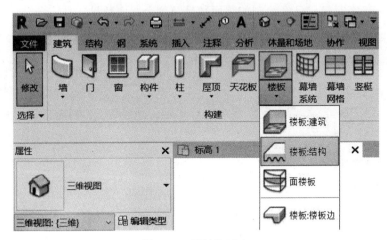

图 2-26 楼板的创建

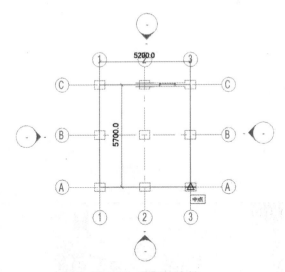

图 2-27 楼板的绘制

2.3.14 坡道的绘制

在【建筑】选项卡中选择【坡道】，见图 2-28。随后进入【修改|创建坡道草图】界面，在绘制界面选择不同的位置确定坡道的起点和终点，单击【完成编辑模式】完成坡道创建。如需修改已绘制的坡道，在【属性】窗口选择【编辑类型】出现【类型属性】窗口，可以修改目标坡道的相应参数，见图 2-29。

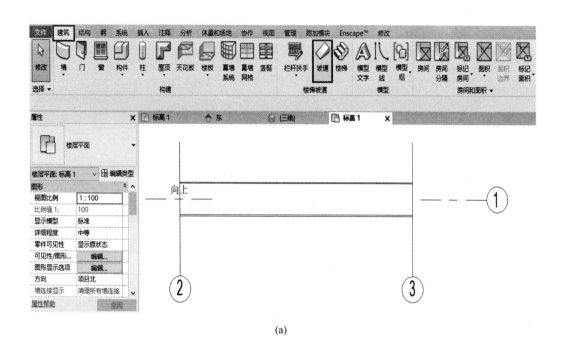

(a)

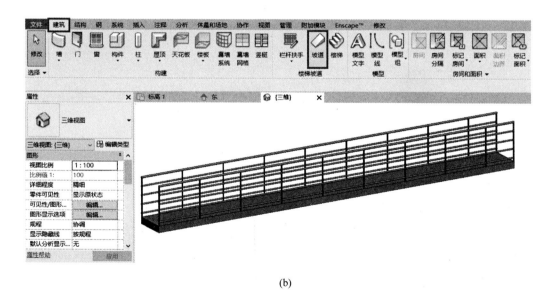

(b)

图 2-28　坡道图

(a) 平面图；(b) 三维图

图 2-29　编辑坡道

2.3.15　扶手的创建

在【建筑】选项卡单击【栏杆扶手】-【绘制路径】调用命令,见图 2-30。如绘制楼梯扶手,则在楼梯边缘绘制相应线条即扶手,如绘制其他类型扶手(如阳台)则在目标位置绘制线条,单击【完成编辑模式】即完成扶手的创建。

图 2-30　扶手的创立

2.3.16　屋顶的创建

在【建筑】选项卡单击【屋顶】,选择【迹线屋顶】可以绘制多种类型的屋顶,见图 2-31。首先设置屋顶坡度和偏移量,其中偏移量表示屋顶延伸出顶层墙体的距离。沿着预设屋顶平面投影的边缘进行绘制,在墙体外围显示的线条即屋顶,其周边的直角三角形符号表示屋顶含有坡度,见图 2-32。

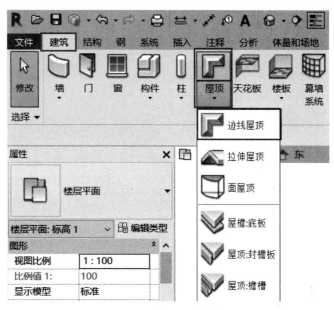

图 2-31　屋顶的创建

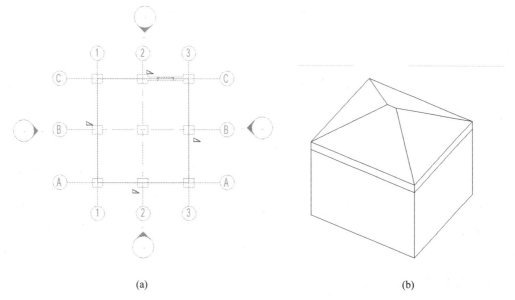

(a)　　　　　　　　　　　　　　(b)

图 2-32　屋顶的绘制

(a) 平面图;(b) 三维图

2.3.17 洞口的创建

洞口包括竖井、面洞口、垂直洞口、老虎窗洞口和墙洞口,下面以墙体的矩形洞口为例介绍建模过程。首先绘制一面墙,然后选择【洞口】面板的【墙洞口】,见图 2-33,这时光标呈"十"字样式显示。将光标移到墙边缘并单击,在光标"十"字样式右侧多增一个"矩形样式"(绘制矩形洞口时),就可以制作洞口了,洞口的第一个定位点必须在墙体上,第二个定位点可在可不在。创建洞口后可以通过单击洞口调整洞口尺寸,也可以删除洞口。

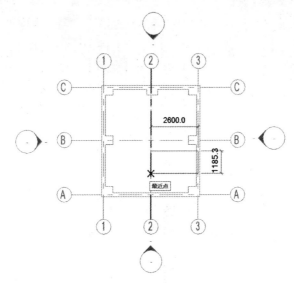

图 2-33　洞口的创建

2.4　视图的添加和深化

当传统的视图不能满足用户需求时,就需要添加一些额外的视图。Revit 软件为用户定制了多个视图模板,以满足不同类型工程师的使用需求。

2.4.1　视图的添加与设置

在项目设计过程中,往往需要添加不同的视图来应对不同的使用目的。例如添加楼层平面可以达到查看各个楼层分布的目的,添加结构平面可以达到查看平面结构构造的目的。

在【视图】选项卡的【平面视图】可以添加【楼层平面】【天花板投影平面】【结构平面】【平面区域】和【面积平面】5 种视图,见图 2-34,直接单击目标选项即可添加新视图。如需修改新添加的视图参数,可在待修改视图的【编辑类型】中编辑参数。

2.4.2　透视图的添加与设置

查看整体建筑视图时往往会因外层墙体遮挡视线,导致看不到建筑内部的构造,这时需要添加透视图来达到查看内部构造的目的。

图 2-34　视图的添加

单击【视图】选项卡中的【创建】面板列表中的【三维视图】下拉列表中的【相机】,见图 2-35。应确保在选项栏上选中【透视图】,否则创建的是正交三维视图。

图 2-35　透视图的添加

2.4.3　剖面图的添加与设置

剖面图又称剖切图,是通过对有关的图形按照一定剖切方向所展示的内部构造图例,设计人员通过剖面图的形式形象地表达设计思想和意图,使阅图者能够直观地了解工程的概况或局部的详细做法以及材料的使用。剖面图一般用于工程的施工图和机械零部件的设计中,补充和完善设计文件,是工程施工图和机械零部件设计中的详细设计,用于指导工程施工作业和机械加工。

在【视图】选项卡选择【剖面】,如图 2-36 所示。在模型的中间绘制一条直线后,会出现剖面符号标记,命名为【剖面 1】。随后在【项目浏览器】中找到【剖面 1】,单击打开,可以看到已经创建完成的剖面图。

2.4.4　详图索引的添加与设置

Revit 详图索引的作用是对目标构件进行局部放大以达到观察细节的目的。详图索引的添加方法是:在【视图】选项卡单击【详图索引】,见图 2-37。根据需要选择详图索引的类型:【矩形】/【草图】,操作完成后可在【项目浏览器】中显示新添加的详图索引。

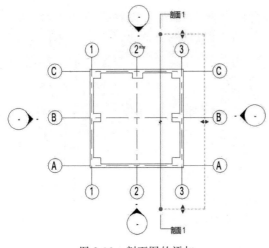

图 2-36　剖面图的添加

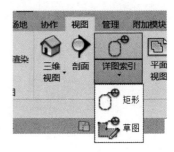

图 2-37　索引图的添加

2.5　注释方法和符号添加

建筑制图中很重要的一个细节就是尺寸标注。建筑形体的投影图,虽然已经清楚地表达形体的形状和各部分的相互关系,但还必须对各部分尺寸进行标注,才能明确形体的实际大小和各部分的相对位置。知名建筑大师说过:"建筑制图最重要的就是尺寸标注,因为任何研究和施工都是以你的尺寸数字为准的"。所以注释和符号的添加尤为重要。

2.5.1　墙的注释的设置及添加

以对墙体添加注释为例,单击【注释】-【对齐】,见图 2-38,单击【修改|放置尺寸标注】中的【拾取】窗口,将【单个参照点】改选成【整个墙】。单击【选项】,这时弹出【自动尺寸标注选项】对话框,见图 2-39,根据注释需求选择内容,单击【确定】按钮,完成注释设置。随后选择墙体范围完成注释的创建。

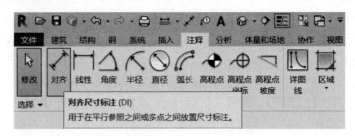

图 2-38　注释选项

2.5.2　尺寸标注的修改

当需要修改某一类型的尺寸标注时,可以将其选中,再单击【属性】窗口中的【编辑类型】显示【类型属性】面板,即可对已经标注的相关参数进行修改,修改完成后,单击【确定】按钮,将替换当前视图中所有相同类型的尺寸标注,如图 2-40 所示。

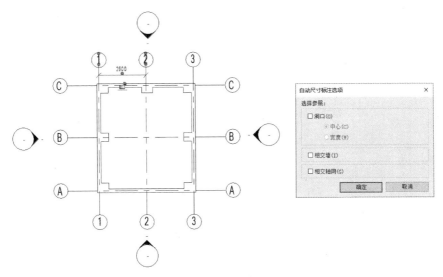

图 2-39　自动尺寸标注选项

图 2-40　标注样式

2.5.3　箭头标注的添加和编辑

尺寸标注类型属性中,有一名称为【记号】的属性,该属性控制线性标注的箭头样式,如图 2-41 所示,可以从【记号】下拉列表中选择需要的样式进行设置,但如果该下拉列表中没有满足要求的样式,则需对已有样式进行修改,例如需要将"实心箭头 20 度"的尺寸记号标记。方法是：选中这一类型的标注,再单击【属性】窗口中的【编辑类型】显示【类型属性】面板,在【类型属性】窗口单击【记号】,在下拉菜单中选择【实心箭头】,如图 2-41 所示。

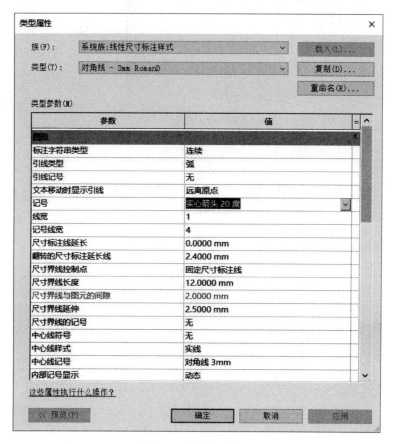

图 2-41　标注的编辑

2.5.4　标高符号的添加

上标头和下标头是标高的标注符号,上标头是指标高数字的位置在上部,下标头是指标高数字的位置在下部。一般情况下可以分别创建一个上标头、下标头和正负零,能够满足标高设置过程中标头样式的需求。如果需要更换标高符号,可以将新标头载入 Revit,在标高的【类型属性】窗口单击选择原来的标头,将符号替换为之前载入的标头,即完成标高符号的更换,见图 2-42。

2.5.5　文字注释的添加

如果需要添加文字注释对某一情况或位置进行说明,则在【注释】面板选中【文字】,在添加文字的位置单击,即可添加文字注释。修改文字注释则需要执行以下操作：选中待修改的文字注释,在【属性】窗口单击【编辑类型】,在【类型属性】窗口即可修改文字大小、文字偏移、读取规则等参数,见图 2-43。

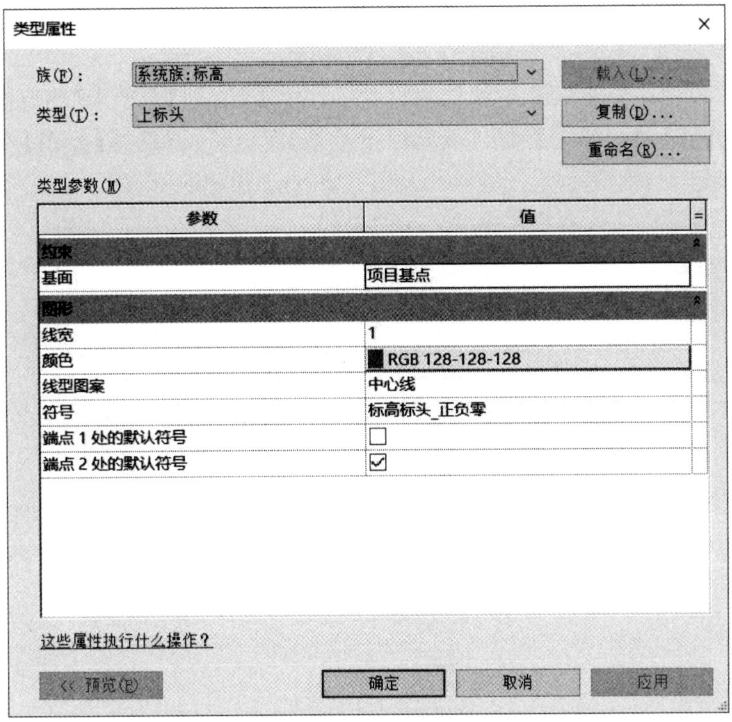

图 2-42　标高符号的添加

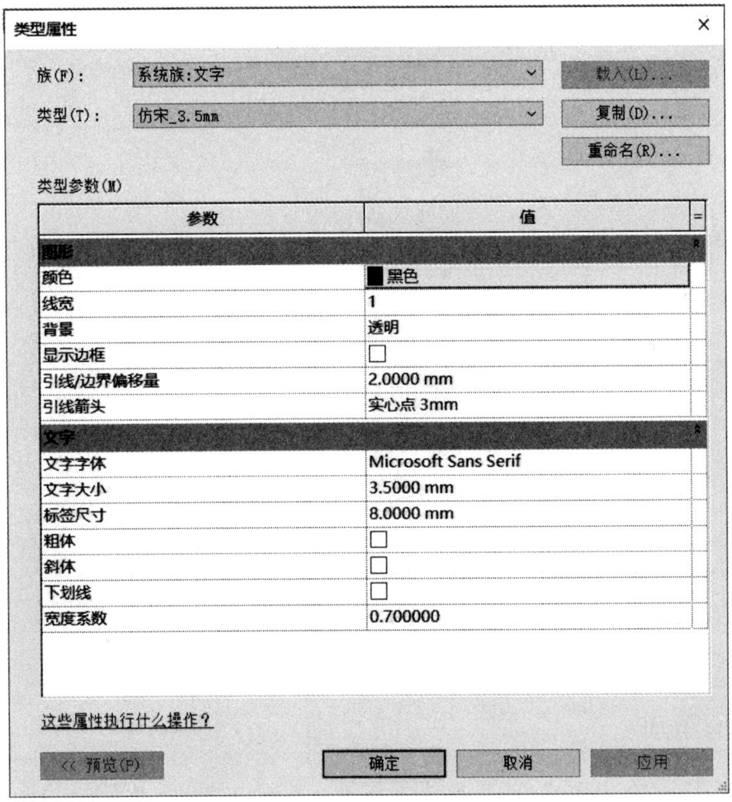

图 2-43　文字注释的修改

2.5.6　线型和填充图案的添加

填充图案可以使待标记的建筑部位突出显示。单击【管理】选项卡【其他设置】下拉列表的【填充样式】,单击【填充样式】弹出【填充图案类型】窗口,可以选择【绘图】或【模型】,单击【确定】按钮,如图 2-44 所示。

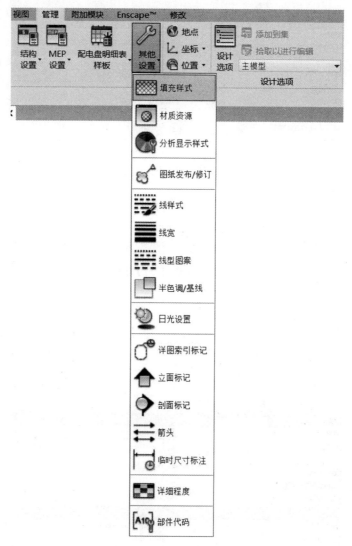

图 2-44　填充样式的添加

2.6　图框的添加和排版

2.6.1　图框的添加

模型绘制完成后,在出图之前,需要添加图框。打开主界面,在【视图】选项卡【图纸】窗

口选择需要的图框。一般选中系统自带的 A3 公制标题栏族后,页面跳转至常规建模视口。在此视口下,可以选择默认的 A3 图纸的边框,这个边框可以看作图纸的边线,根据此边框创建标题栏以及图框。一般情况下,图纸内边框和标题栏外边线使用【中粗线】进行绘制,标题栏内边线可用【细线】进行绘制,这样绘制出来的边框重点突出、样式美观。如果修改图框,则单击当前图框在【修改|图框】选项卡下的【编辑族】进入族编辑,执行【线】命令绘制图框,在绘制过程中修改选项卡中的子类别【中粗线】/【宽线】/【细线】实现修改线宽。注意:为了保证线型正确,需在窗口最上方的快捷命令中开启【粗线】模式,因为在【细线】模式下,所有线型样式一致,无法区分线的粗细。绘制完成的图框见图 2-45。

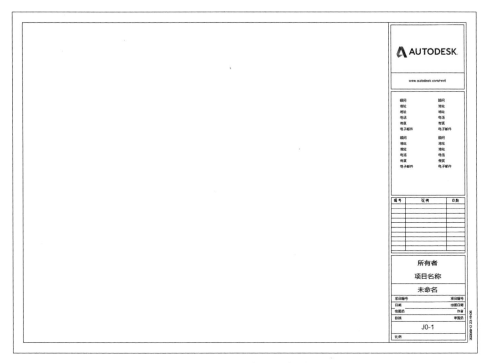

图 2-45　图框的添加

2.6.2　图框排版

　　打开 Revit 族窗口,在【视图】选项卡【图纸】窗口选择需要的图框,选择 A0~A3 任意一个图幅的族文件,打开一个标准的图框排版。

　　图框族包含多种族参数,例如【项目名称】【客户名称】【图纸编号】【图纸名称】等,Revit利用这些族参数实现图纸的自动管理。可以根据不同要求通过族参数对图框排版,但一定不能删除族参数,否则图纸的自动管理将无法实现,除非确认不需要某些族参数。编辑完成族参数后保存,这样在创建图纸时就可以使用符合企业要求的图框了。

2.6.3　图纸或视图的导出

　　如果需要导出图纸,应先创建图框,单击【视图】选项卡的【图纸】工具,在【新建图纸】窗口选择【A1 公制】图框,单击【确定】按钮创建图框。随后,将待导出的模型拖至新建图框中完成图纸创建。操作如下：在【项目浏览器】窗口选择【标高 1】平面，选中需要导出的视图，拖动至新建的图框中，修改图纸名称即可。最后，单击界面左上角【R】菜单，单击【导出】-【CAD 格式】选择目标格式，进入图纸导出界面，见图 2-46，设置导出的参数，单击【确定】按钮，即完成图纸的导出。

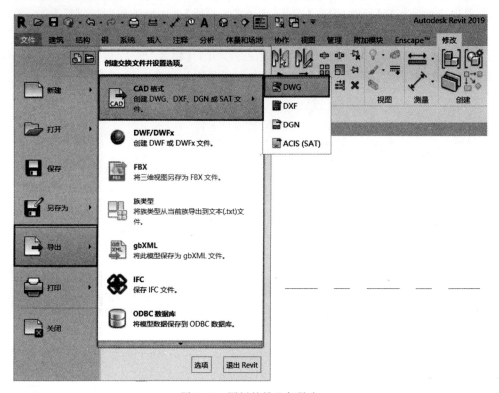

图 2-46 图纸的导入与导出

2.7 本章小结

　　本章列举了 Revit 的基本操作，介绍了 Revit 的基本构成，对 Revit 建模的流程进行了初步概括。BIM 技术的应用，将带来设计行业的一场变革，能够优化目前工程师的领域分工和工作流程，推动建筑设计进入三维设计的新时代。但 BIM 的推广应用不是一朝一夕的事，利用 BIM 技术能够优化设计过程的优势，使工程师切实体会到应用 BIM 的便捷之处，从而加速 BIM 的广泛应用。

第 3 章

BIM技术在建筑设计领域的应用

　　本章主要介绍 BIM 技术在方案设计阶段、技术设计阶段和施工阶段的应用。BIM 提供了统一的数字化模型表达方式,在设计过程中,通过规范构建 BIM 模型的标准,从而充分利用 BIM 模型所含信息进行协同工作,实现各专业和各设计阶段间信息的有效传递。BIM 技术可以在真正意义上支持多专业团队协同工作、共享信息的并行工作模式。

　　BIM 在设计阶段的应用是目前最为广泛的,同时也是技术应用的关键阶段。传统二维设计技术提供的是一种基于图纸的信息表达方式,该方式使用分散的图纸表达设计信息,所表达的设计信息之间缺少必要和有效的自动联系,各专业、各设计阶段的信息是孤立的,难以共享。这导致设计人员无法及时参照他人的中间设计成果,因而通常采用分时、有序的串行工作模式,通过定期、节点性的方式互提资料从而实现信息交换。与传统的方案设计工作不同,采用 BIM 技术,可以有效地提升方案设计的效率。设计师可以将更多的精力投入设计创意中,平立剖等二维视图可通过 BIM 模型自动生成,设计质量和效率均得到了显著提升。同时,面对复杂的建筑形体设计,采用 BIM 技术,可使建筑师更加自由、充分地表达其设计意图,通过三维模型的可视化,能够更理想地表达建筑师的意愿及方案本身的特性,这也提升了与政府、业主等相关方的沟通效率,使设计师的创意表达方式更多样。对于那些在设计阶段应用传统二维设计技术时出现的图纸繁多、错误频繁、变更复杂和沟通困难等问题,应用 BIM 技术可以最大限度地避免,体现出其显著的价值优势,见图 3-1。以下根据典型的建筑设计过程:方案设计阶段、技术设计阶段和施工图绘制阶段介绍 BIM 技术在建筑设计领域的应用。

图 3-1　BIM 技术的优势（来源：Autodesk 公司 BIM 应用及案例概览）

3.1　方案设计阶段

　　BIM 模型将建筑内全部构件、系统赋予相互关联的参数信息，并直观地以三维可视化的形式进行设计、修改和分析，形成可用于方案设计、建造施工和运营管理等建筑的全生命周期所参考的文件，见图 3-2。其中，方案设计阶段的工作主要是依据设计要求，建立建筑

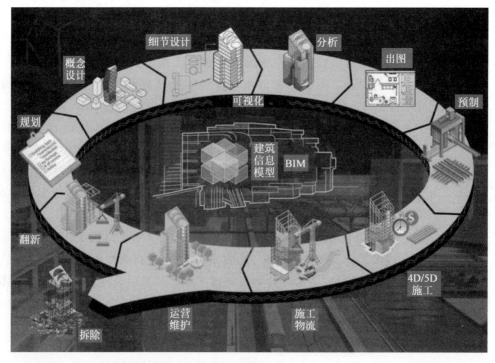

图 3-2　BIM 应用贯穿建筑全生命周期（来源：Autodesk 公司 BIM 应用及案例概览）

与设计环境的基本关系,提出空间建构设想、创意表达形式及结构方式、机电方案的初步解决方法等,目的是为建筑设计后续阶段的工作提供依据及指导性文件。方案设计阶段的主要内容包括场地分析、建筑策划和方案论证,以下按设计的先后顺序分别阐述其主要内容。

3.1.1 场地分析

不只是在预制混凝土(precast concrete,PC)建筑中,对几乎所有的建筑,空间特性主要表现在场地分析、建筑造型、建筑景观和交通流线几个方面。其中,场地分析是进行规划设计的首要步骤。通过 BIM 技术可以对建筑项目现有基地和周边的地形地貌、植被以及气候条件等因素进行分析,以便设计人员对项目的整体地形有一个直观的了解,从而为后续方案设计中确定建筑的空间方位、建筑与周边地形景观的联系等奠定良好的基础。尤其是在周边环境复杂的情况下,详细的场地分析是进行规划设计的首要条件,利用 BIM 技术结合地理信息系统可以快速实现对现有空间分析以及场地分析可视化,如坡度和坡向分析等,见图 3-3 和图 3-4。

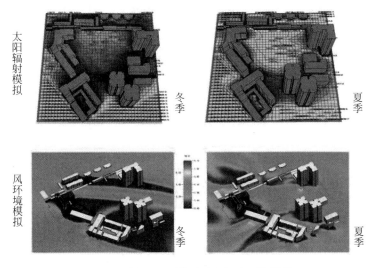

图 3-3 利用 BIM 模型进行场地环境模拟

来源:卢琬玫.BIM 技术及其在建筑设计中的应用研究[D].天津:天津大学,2014

3.1.2 建筑策划

BIM 策划书由项目 BIM 经理制定,策划书中给出了项目整体的设计操作规范和相关标准,但是在结构专业这一设计部分并未给出详细的结构设计流程。按照某设计研究院制定的《BIM 标准 2.0》执行原则,每个项目设计前,须由 BIM 经理制定一份《项目 BIM 策划书》,策划书的内容需包含项目 BIM 设计相关标准、软件平台、项目相关方、项目交付成果、项目特性、共享坐标、数据拆分、审核/确认、数据交换和项目会审日期等内容。

以下根据某总装车间 BIM 设计策划书为例进行简要介绍。

(1) 本 BIM 项目设计参考标准为该院《BIM 设计标准 2.0》、《BIM 管道汇总流程及标准》以及《2015 BIM 设计操作要点》。

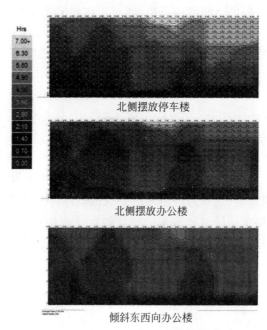

北侧摆放停车楼

北侧摆放办公楼

倾斜东西向办公楼

图 3-4　利用 BIM 模型进行日照分析

（2）该项目所使用的软件及协作平台：各专业（包括结构专业 BIM 结构建模）所使用的设计软件，均通过公司信息系统"BIM 云平台"进入公司"BIM 门户"使用 Autodesk Revit 建模。

（3）项目需交付的 BIM 成果为：建筑、给排水、暖通及动力专业和管道汇总设计直接采用 Revit 建模设计并直接导出施工图；结构专业设计部分，主体结构及基础平面布置图、管道支架平面布置图由 Revit 所建模型生成，其余图纸可在 Autodesk CAD 中绘制完成后导入 Revit；桥架及主设备平面布置图在 Revit 内生成；Revit 除模型文件存档外，需转化为 DWG 和 DWF 或 PDF 格式存档。

（4）项目各专业间协同方式：由于项目体量不大，决定采用工作集协同共享设计方式，即中心文件方式。各专业（包括结构专业）均须将中心文件复制到本地后，创建模型"本地"副本，创建工作集，将工作集按标准添加后缀后，在各自工作集中进行建模工作；软件设置定时同步更新至中心文件。中心文件创建即项目信息设计由建筑专业负责，项目代码为 SDGJ，子项代码为 PW（冲焊）、PA（涂装）、AF（总装），中心文件名称为 GJ_S01_XX（冲焊）、GJ_S02_XX（涂装）、GJ_S03_XX（总装）。

（5）工作集命名标准（结构专业工作集命名代码为 S）：

① 文档目录及名称。

中心文件位置　V：\BIMPROJECT\S2015-N009 SDGJ\子项代码\01-WIP\BIM_Models\子项图号 CENTERAL.rvt

本地文件位置　W：\BIM\子项图号 LOCAL_用户名.rvt

② 文件命名及设计输入等放置位置规定如下。

WIP：进行中工作　　　　　　　　　　　　　　　　　　　　[强条执行]

```
V:\BIMProject\S2015-N009 SDGJ\子项代码\01-WIP\..        [进行中的工作]
\BIM_models                                            [模型文件]
\CAD_Data                                              [CAD 文件,包括接收的资料图]
\Export                                                [过程输出文件,包括未确认提出的资料图]
\Families                                              [本工程新建族]
\WIP_TSA                                               [临时共享文件]
Shared:共享文件
V:\BIMProject\S2015-N009 SDGJ\子项代码\02-Shared\..
                                                       [本专业校审后的数据,含确认后资料和汇总用模型]
\BIM_models                                            [模型文件]
\CAD\DWG                                               [DWG 格式电子文件]
\CAD\DWF                                               [DWF 格式电子文件]
\Coord_models                                          [根据需要的汇总模型]
Publ ished:打印出版
V:\BIMPROJECT\S2015-N009 SDGJ\子项代码\03-Published.\..  [打印出版]
\DWF                                                   [打印文件]
\DWG                                                   [可能有标注或线型等图面缺陷,允许]
\Ot her                                                [截图、动画等非 SDGJD 文件]
Archived:存档文件
V:\BIMPROJECT\S2015-N009 SDGJ\子项代码\04-Archived.\..    [存档文件]
\BIM_Models                                            [模型文件]
\DWF                                                   [DWF 格式电子文件]
\DWG                                                   [DWG 格式电子文件]
\Other                                                 [其他]
```

3.1.3　方案论证

进入结构初步设计阶段后,结构专业和建筑专业以及其他专业首先互相提交方案模型,然后根据其他各专业的方案模型并结合项目实际地勘报告情况和荷载信息,实现建筑方案论证。应用 BIM 设计的不同方案见图 3-5。

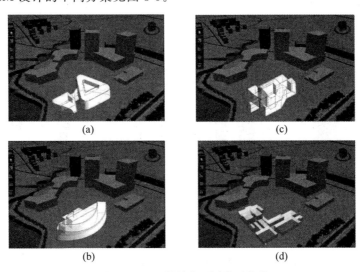

(a)　　　　　　　　　　　(c)

(b)　　　　　　　　　　　(d)

图 3-5　BIM 设计的不同类型的柱

(a)方案一:三角柱型;(b)方案二:半圆柱型;(c)方案三:Z 型;(d)方案四:L 型

3.2 技术设计阶段

在技术设计阶段,各设计人员根据之前的方案设计内容,深化细致地进行建筑建模,其主要内容包括可视化设计、协同设计和性能化分析。

3.2.1 可视化设计

BIM 模型的可视化可谓 BIM 技术中最为显著的一个特点。由于之前的传统二维设计方式的局限性,在面对现阶段一些大型建筑或异形建筑的复杂结构时,根本无法将建筑结构构件在空间的位置以及具体形式准确地表达出来。然而 BIM 技术的三维建模能力则可以很好地解决这个问题,可以完全将建筑结构构件的空间位置形式准确而真实地展现在设计人员面前,并且还能从东南西北上下左右各个角度对构件进行观察,分析建筑构件的功能布局以及构件之间的空间联系,考察建筑构件尺寸及空间布置的合理性,优化结构设计方案,提高设计质量。在建筑的规划设计阶段需要进行三维可视度分析,也就是对建筑外部的布局规划以及建筑室内空间的视野分析,所以进行三维可视度分析一般从室外规划的宏观角度和室内视野的微观角度两方面进行。利用 BIM 技术可以快速完成对建筑三维可视度的分析。应用 BIM 技术对建筑的可视化表达见图 3-6。

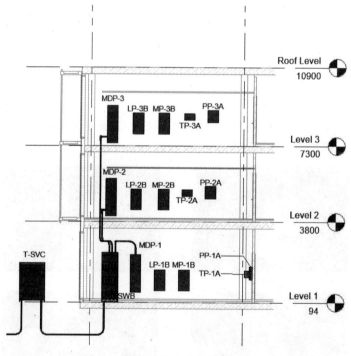

图 3-6　更加清晰和生动的图纸表达

不仅如此,基于 BIM 平台可视化特点,也有助于其他专业的工程师提高工作效率。例如,结构工程师可以直接在建筑师拟定的建筑模型中提取结构分析所用的数据,加以修改后进行计算;结构工程师也可以直接在建筑模型轮廓内部布置结构构件,迅速建立结构初步模型,经过计算比较,确立最终的结构施工图模型;结构工程师还可以将修改后的最终结构模型提交建筑师,建筑师针对经过碰撞检测后的模型,在建筑三维模型中进一步优化建筑模型和施工图。水、暖、电等设备专业可以在链接的建筑三维模型中布置相关专业的管线和设备等。

3.2.2　协同设计

一个完整的建筑设计过程,包含了各个专业各个部门的共同努力和分工协作,每个专业也由数位设计人员组成。以往的设计过程中,由于团队设计成员数量多,设计任务繁重,设计过程交错,导致现有的建筑设计流程很难保证建筑专业团队内部各设计人员之间,还有整个建筑专业与其他专业之间,及时准确地进行信息共享和信息互换,造成各专业构件间的错漏碰缺等设计错误。各种建筑设计软件所产生的电子文件,随意储存在不同设计人员的计算机中,使得设计人员要进行设计沟通和文件传输时,还要费时间去查找所需要的文件或数据,最终导致数据传递慢、更新不及时等问题,降低了数据的利用率。这些问题都会给设计工作带来或多或少的困扰。但是基于 BIM 的协同化设计为这些问题提供了很好的解决办法。

与传统二维设计不同,应用 BIM 技术进行协同设计的工作模式将基于统一的 BIM 模型数据源,保持数据良好的关联性和一致性,完成高度的信息数据共享,实现对信息的充分利用。因此,此工作模式对于 BIM 模型数据的存储与管理的要求比传统方式的要求更高,单纯依靠单一人工管理无法达到效果。此时,设计单位搭建基于 BIM 的协同平台成为 BIM 技术应用的重要条件。BIM 协同平台可以在 BIM 项目实施中有效控制和管理各种数据,并通过 BIM 设计中各专业、各相关参与方的协同工作,实现相关数据存储的完整性和传递的准确性。同时,BIM 协同平台还可以为工程项目的业主、设计、施工、顾问和供应商提供协同工作环境,保证相关方数据和信息的准确、统一。BIM 协同平台可以采用信息化平台方式或共享文件夹的方式实现,为各专业提供一个统一的工作环境,在协同平台内置各种设计标准与流程,提高各专业的配合效率,并有利于提高设计质量。BIM 协同平台包含的主要内容包括:

(1) BIM 协同平台内置相关的设计标准和业务流程;

(2) BIM 设计过程中的用户管理;

(3) BIM 设计内容共享授权管理;

(4) BIM 实施中的工作流程管理,如专业配合、质量控制、进度控制、成果发布等;

(5) BIM 项目的多参与方数据共享管理;

(6) BIM 交付数据或模型的生成与交付管理;

(7) BIM 项目的归档与再利用管理等。

在协同平台,各专业设计人员分别在网络终端进行设计建模。由于终端计算机的运算性能局限了数据模型的承载力,在初期的中心文件创立方面可以采取分专业的模式,划分建筑专业、结构专业和设备专业三个中心文件,通过三个中心文件的相互"复制监视"的方式实现各专业实时协同。复制监视是 BIM 软件提供的一种功能,可以及时地发现被复制监视的文件的各种改动变化,达到数据传递的关联性、及时性和一致性,实现信息共享。

综上,BIM 技术提供了统一的数字化模型表达方式,在设计过程中,通过规范构建 BIM

模型的标准,从而充分利用 BIM 模型所含信息进行协同工作,实现各专业、各设计阶段之间信息的有效传递。BIM 技术可以在真正意义上支持多专业团队协同工作,共享信息的并行工作模式,见图 3-7。

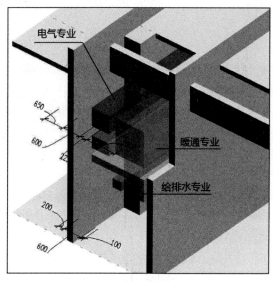

图 3-7　优化各专业的协同工作

3.2.3　性能化分析

建筑性能化分析是 BIM 区别于传统 2D 模式的一大特点。随着国内建筑对于性能方面要求不断提高,BIM 应用点也逐渐增多。BIM 性能化分析包括以下几个方面。

1) 建筑物动态热模拟

建筑物动态热模拟主要是运用 BIM 软件强大的分析能力,模拟建筑物与外部环境之间的能量传递,例如热能、风能等,即基于 BIM 软件建筑设计,建立一个关于建筑物自身的 3D 可视化信息模型,对建筑物自身数据和外部数据进行收集和分析。例如,模拟太阳对构件项目的整体辐射,计算建筑结构的导热对项目全年暖通空调设备的能耗,以此为依据制定设计方案与设备选择方案等。此项功能对于建筑节能非常重要。

2) 日光与阴影模拟

通过建立模型,将项目整体与日光及光影的投射效果进行模拟演示。通过收集天空辐射的部分数据进行分析计算,以此确定某时间段自然光对建筑的影响。也可以通过模拟确定建筑物接收到的室外光的时间,用来观察建筑项目中房屋朝向等问题。

3) CFD 分析模拟

CFD 即流体动力学,被广泛应用在航空、航天项目。近年来,由于建筑项目的要求日益增高,该分析技术也被引入建筑业中。其主要内容是,配合相关的 BIM 软件建立模型,对流动与传热进行有效的分析与模拟,可以收集空调空间的气流计算、暖通设备的优化以及风力与浮力双重作用的自然通风、排烟通风程度等数据信息,大大提高设计品质,改善业主居住环境。

4) 火灾与疏散分析

如今,具有应对火灾或突发事件的能力是对建筑物的新要求。过去面对火灾或者突发事件,在处理及疏散方面往往存在指挥不当或无从下手等问题。现在可以将火灾或突发事件导入 BIM 模型中一并进行提前预演,制定出一套切实可行的方案,实现及时疏散,降低人员和财产损失,提高逃生概率。

5)建筑声环境分析

建筑项目在施工期间难免会对周边的环境造成影响,最严重的就是交通及噪声污染。通过 BIM 模型配合 GIS 系统,模拟建筑周边的交通状况、居民小区排布和居民居住情况等,通过 BIM 模型的分析,合理安排车辆进出现场,确定施工时间,错开早晚高峰及人群,最大限度地降低噪声对周边的影响,实现绿色施工、低碳施工。

除了以上可视化设计、协同设计和性能化分析的优势,应用 BIM 技术创建的建筑信息模型,包含了必要的几何参数等属性信息,这些信息可以用于各类分析软件中,为方案设计阶段的比选和优化提供了数据基础和量化依据,见图 3-9。

3.3　施工图绘制阶段

进入施工图设计阶段后,需要结合前述两个阶段一起确定建筑形体,依据建筑结构施工图设计,其最终效果的体现即构建合理的 BIM 模型施工图。这种 BIM 模型是着眼于具体的应用进行分析,了解后续施工对于该模型提出的需求,并以此为目标进行分析,建立模型,实现最大限度提升其应用价值效果。Revit 是一款基于 BIM 的参数化建筑设计软件,是有效创建项目的三维虚拟 BIM 建筑模型的工具。

使用 Revit 进行施工图绘制时,在 Revit 中并没有严格意义上的先后设计流程,一切按照设计的具体情况和建筑师的设计习惯为准。图 3-8 所示为施工图绘制阶段绘制的建筑形体。

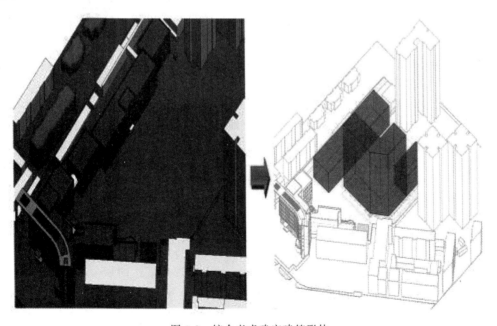

图 3-8　综合考虑确定建筑形体

3.3.1 施工进度模拟

施工进度是项目管理者和参与方有效开展各项工作的基础和依据。能否实现项目前期规划的进度目标对于项目的成败至关重要，项目进度的拖延会产生巨大的附加成本。如果进度控制不利，不但业主无法在可控的时间内收回投资，施工单位也存在巨大的被索赔风险。

传统的施工进度控制主要是依靠施工图纸所提供的工程量清单和根据经验形成的施工必要工作时间形成的。由于对某些部位的工程量清单在施工组织设计的过程中无法准确预估，再加上工程变更较多，使得施工作业量无法准确获得，导致施工进度难以准确预估，工程项目管理者被动地一再修改工期。另外，靠传统经验或者定额决定的施工必要劳动时间也是不可靠的因素。实际上，一个行业的施工必要劳动时间是随着社会的发展时刻变化的。靠经验取得的定额数据不能及时反映这种变化，项目管理者常常在施工明显拖延的情况之下才匆匆采取措施，临时找来施工队加入施工，虽然在一定程度上弥补了工期，但又给工程项目增加了很多规划外的附加成本。

BIM 模型的引入降低了对项目进度控制的难度。进度规划的基础除了里程碑事件的进度要求外还有总工期的要求，工程量清单则是进度规划和控制的最重要依据。这项工作在传统项目管理中主要依靠手工完成，繁琐且不够准确。BIM 模型的工程量清单是计算机通过对建筑物构件的精确计算得到的建筑物所需要的人财物等，不仅方便快捷，准确无误，而且执行工程变更比较容易，再结合相关专业的国家、企业定额规范可以准确地编制出施工进度的规划，还可以在各参与方充分交流的基础上建立设计阶段的 BIM 模型，通过将施工进度信息与模型对象相关联，形成具有时间维度的 4D 模型，通过 4D 模型可以实现对工程进度的可视化管理，同时也减轻了项目管理者对施工进度掌控和物料采购部门采购计划的难度。不仅是 4D 模型，BIM 模型也可以与 RFID(radio frequency identification)技术结合。RFID 技术，又称无线射频识别技术，可通过无线电信号识别特定目标并读写相关数据，该技术主要应用于项目物流管理和进度管理中。BIM 模型与 RFID 技术结合后，可以提前布置施工场地，确保施工工作的有序开展。其优势体现在：BIM 的信息共享机制可以降低信息传递过程中的有效信息衰减，提高施工质量，加强施工过程中的进度管理；通过移动设备，如平板电脑、手机等结合 RFID 技术、云端技术，施工指导人员可以远程指导关键施工，帮助现场人员对构件的定位、吊装，也可以实时地查询吊装构件的各类参数属性、施工完成质量指示等信息，之后将竣工数据上传至项目数据库，便可以实现施工进度的记录和追溯查询。

3.3.2 施工组织模拟

在职能组织结构中，管理层以职能划分来设计职位和部门，每个职能部门根据自己的管理职能向下属发布指令。每个具体的工作单位在工作中可能会涉及多种职能，所以具体的工作单位可能会接到不同部门发布的管理指令。如果多部门下达的指令不统一，很容易造成管理运行的混乱。应用 BIM 技术在施工组织中统一协调工序安排、资源组织、平面布置和进度计划等工作事宜。例如，在施工组织模拟 BIM 应用中，可基于施工图、施工组织设计文档等创建施工组织模型，并将工序安排、资源组织和平面布置等信息与模型关联，输出施工进度、资源配置等计划，根据模拟成果对各项工作事宜进行协调、优化，并将相关信息更新到模型中，主要流程如图 3-9 所示。

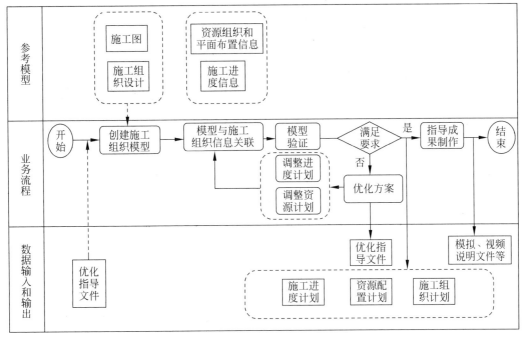

图 3-9　施工组织设计流程图

3.4　本章小结

在本章内容中，首先介绍了 BIM 技术在建筑设计领域应用的三个阶段，即方案设计阶段、技术设计阶段和施工图绘制阶段。其次，总结分析了现阶段 BIM 技术在设计阶段应用最为广泛，同时也是 BIM 技术应用的关键阶段。最后，结合 BIM 技术的主要特点，提出了基于 BIM 的建筑结构设计流程。

从综合评价的角度来讲，BIM 技术的应用对传统建筑结构设计的改变，都是对建筑结构设计质量有所提高的表现，以及 BIM 技术在未来将能带来的无限价值，都符合建筑设计企业的质量管理目标。但同时对于 BIM 技术的应用，也代表着利用 BIM 模型搭建质量管理平台，对建立企业设计质量管理系统带来的新考验。

第4章

BIM技术在钢结构设计中的应用

4.1 引　　言

　　建筑行业的参与单位众多,且各单位之间的工作搭接既频繁又密切,导致信息传递失真,建筑业信息化是解决这一问题的有效方法。BIM能够最大限度整合建筑项目信息的数据库,为业主、设计方、施工方和材料供货商等众多项目参与方及时清晰地提供所需的信息,提高项目的完成效率,提升工程人员对项目的控制能力。另外,BIM在复杂形体的模型创建与构件加工中的优势为建筑行业模型精准化和多样化带来了更大的契机。

　　钢结构是常见的结构形式,其工程规模越来越大、结构日益复杂,项目管理工作也面临越来越多的困难,需要建筑行业信息化的帮助。BIM将是提高效率、解决以上问题的重要手段,其优势表现在:提高钢结构构件制造的产业化程度,使项目管理更有效率;降低钢结构深化设计费用达30%以上,减少出图工作量;直观地表达建筑的外观,便于招投标以及制造计划的编制;准确地计算工程总量,使工程量计算值和实际值相差在1%以内。

　　本章利用BIM技术解决钢结构在项目工程管理中的难点,即制造工艺和深化设计复杂、信息传递不及时和现场管理混乱等。钢结构企业应配备BIM团队进行建模、结构分析、深化设计、工程量计算、加工制造和成本控制等工作。一些国外钢结构项目利用BIM技术获得了良好的效益,是推动BIM技术在国内钢结构工程中广泛应用的动力。本章首先介绍使用Revit创建钢结构模型的方法,随后以4个典型的钢结构工程为实例,分析了BIM技术在钢结构工程项目管理中发挥的重要作用,最后以实际钢结构工程为算例介绍了钢结构BIM建模的全过程。

4.2　钢结构梁BIM模型

4.2.1　梁的创建

　　梁的创建内容包括单根梁的创建、梁的结构用途、梁的三维显示和多段连接的梁的绘制。

1．单根梁的创建

单击【结构】选项卡的【梁】工具命令，显示【工作平面】窗口，进入绘制界面，在绘图区单击梁的起点和终点完成梁的创建。可以在【类型选择器】的下拉列表中选择需要的梁类型。

2．梁的结构用途

从【结构用途】下拉菜单中选择梁的结构用途或令其处于自动状态，在结构框架明细表中显示结构用途参数，可以计算大梁、托梁、檩条和水平支撑的数量。

3．梁的三维显示

选中【三维捕捉】，通过捕捉任意视图中的其他结构图元，可以创建新梁，即可以在当前工作平面之外绘制梁和支撑。例如，启用【三维捕捉】后，无论高程如何，屋顶梁的位置都将捕捉到柱的顶部。

4．多段连接的梁的绘制

绘制多段连接的梁主要包括两种方法：选中选项栏中的【链】，单击起点和终点绘制梁。在绘制梁过程中，光标会捕捉其他结构构件；也可使用【轴网】命令，拾取轴网线或框选、交叉框选轴网线，单击【完成】按钮，系统自动在柱、结构墙和梁之间放置梁，如图 4-1 与图 4-2 所示。

图 4-1　梁的放置

4.2.2　梁系统的创建

如需建立多根梁，则应先对多根梁进行排列，使其形成一个完整的系统。创建梁系统及其他相关操作过程如下：进入梁系统界面、创建梁系统、创建梁内洞口和偏移设置。

1．进入梁系统界面

在【结构】选项卡的【梁系统】可创建多个平行的等距梁，可以针对这些梁进行参数化调整，实现梁的修改。首先，单击【结构】选项卡的【梁系统】，进入定义梁系统边界草图模式。

2．创建梁系统

在【绘制】子选项卡执行【边界线】-【拾取线】/【拾取支座】命令，拾取结构梁或结构墙，并锁定其位置，形成一个封闭的轮廓作为结构梁系统的边界。也可以用【线】工具绘制或拾取线条作为结构梁系统的边界。

3．创建梁内洞口

使用【线】工具在边界内绘制封闭洞口轮廓，实现在梁系统中剪切一个洞口。

类型属性 ×

族(F): 热轧H型钢 　　　 载入(L)...

类型(T): HW400x400x13x21 　　　 复制(D)...

　　　 重命名(R)...

类型参数(M)

参数	值	=
结构		
横断面形状	工字型宽法兰	
尺寸标注		
清除腹板高度		
翼缘角焊趾		
腹板角焊趾		
螺栓间距		
螺栓直径		
两行螺栓间距		
行间螺栓间距		
结构分析		
截面面积	218.70 cm²	
周长	0.000 m²/m	
公称重量	172.00 kgf/m	
强轴惯性矩	66600.00 cm4	
弱轴惯性矩	22400.00 cm4	
强轴弹性模量	3330.00 cm³	
弱轴弹性模量	1120.00 cm³	
强轴塑性模量	0.00 cm³	

这些属性执行什么操作?

<< 预览(P)　　　　　　　确定　　　取消　　　应用

图 4-2　梁的属性

4. 偏移设置

单击【梁系统属性】打开属性对话框,可以设置此系统中梁在立面的偏移值。

4.2.3　梁的属性编辑

选择【修改结构框架】-【图元】窗口下的【图元属性】,通过修改实例和参数实现梁的类型与参数修改。如果梁的一端位于结构墙上,则【梁起始梁洞】和【梁结束梁洞】参数将显示在【图元属性】对话框中。

梁及其结构属性还具有以下特性:可以使用【属性】修改默认的【结构用途】设置。可以将梁附着到结构图元(包括结构墙)上,但是不会附着到非承重墙。

结构用途参数显示在结构框架明细表中,可以计算出大梁、托梁、檩条和水平支撑的数量。可使用【对象样式】窗口修改结构用途的默认样式。常用的工字形梁样式如图 4-3 所示。

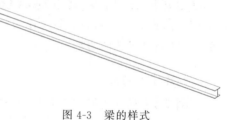

图 4-3　梁的样式

4.3　钢结构柱 BIM 模型

近年来,工业厂房多数采用轻型钢结构形式,其梁柱元素相对简单规整,基本以工字形为主。创建方法是分别建立柱和梁模型,然后将柱和梁相连接。5.2 节内容介绍梁的创建方法。本节介绍柱的创建方法。

1. 结构柱的创建

(1) 在【结构】选项卡的【柱】窗口选择【结构柱】命令,在轴网交点位置创建结构柱,即完成结构的创建。

(2) 在【类型选择器】中选择适合的柱类型,如果需要自定义尺寸,则单击【图元属性】,打开【组织属性】对话框,编辑柱属性,单击【编辑/新建复制】命令可以通过修改长、宽尺寸参数创建新的柱的尺寸规格。

2. 结构柱的编辑

柱的【实例】属性可以实现以下功能:调整柱基准、顶标高、底部偏移是否随轴网移动、此柱是否设为房间边界和柱的材质。单击【编辑类型】,在【类型属性】窗口可以实现柱的长度、宽度等参数的设置和修改,见图 4-4。

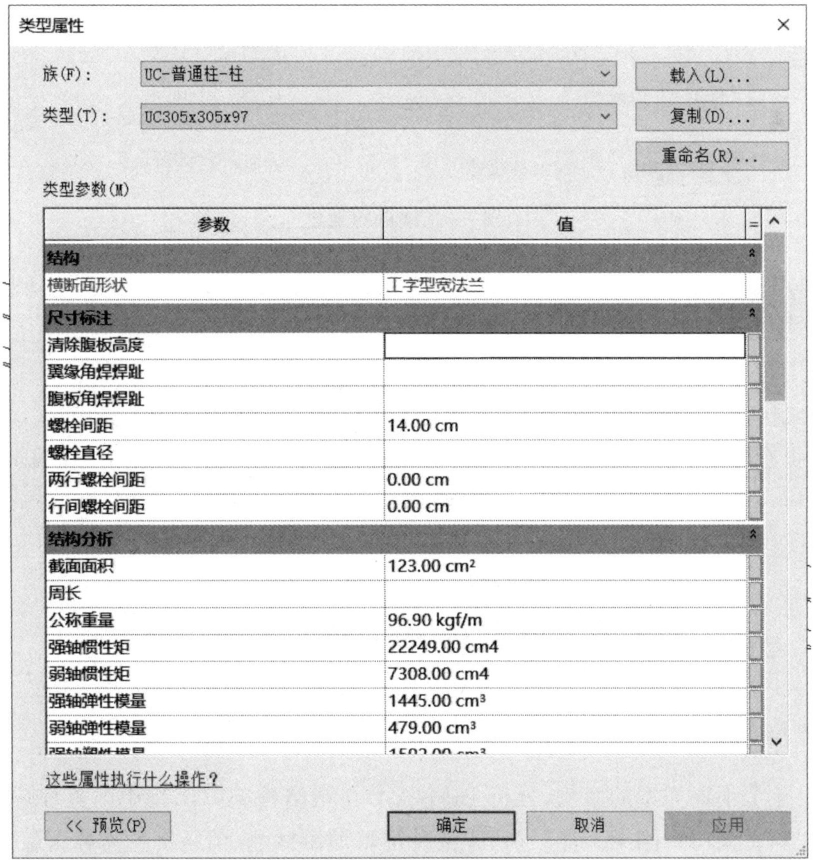

图 4-4　柱的编辑

4.4　钢结构楼板 BIM 模型

　　厂房的板包括两种：地面和顶板,均用【板】工具构建,其中的台阶等水平建筑元素也可用此命令赋予相应材质后建立。板的重要用途是地板建模或分割层并生成相应的图表信息。通过拾取【墙】或使用绘制工具定义楼板的边界来创建楼板。通常,在平面视图中绘制楼板,当三维视图的工作平面设置为平面视图的工作平面时,也可以使用该三维视图绘制楼板。楼板可以沿绘制时所处的标高向下偏移,采用这种方法可以创建坡度楼板、添加楼板边缘或创建多层楼板。墙体和板建立的顺序因工程的需要而定。楼板及其相关构件的建模方法如下:

　　(1)绘制楼板:单击【结构】选项卡中的【楼板】-【楼板:结构】,见图 4-5。

图 4-5　楼板的创建

　　(2)创建楼层边界:默认情况下,墙处于活动状态,如要使其处于非活动状态并单击【修改】-【楼层边界】窗口,在绘图区域中选择对应楼层边界的墙。绘制楼层边界需单击【修改|创建楼层边界】,然后选择绘制工具,楼层边界必须为闭合环轮廓。

　　(3)绘制洞口:在【建筑】选项卡选择【楼板】-【楼板:结构】,使用矩形工具,绘制楼板轮廓,如果楼板有洞口,可以先绘制洞口再绘制楼板,也可以绘制楼板后,使用【编辑轮廓】命令来绘制洞口。

4.5　钢结构 BIM 模型及应用

4.5.1　典型钢结构 BIM 模型

　　本节以 4 个不同类型的案例,分析 BIM 技术在钢结构实际工程中的具体应用,四个项目分别是广东省某门式刚架工业厂房、香港坚尼地城游泳池、美国富兰克林大厦以及广州海心沙看台。

1. 广东省某门式刚架工业厂房

广东省某门式刚架工业厂房为轻工业厂房,门式刚架是钢结构厂房经常使用的结构形式之一。该厂房的主刚架由边柱、刚架梁、中柱等构件组成,一般采用焊接工字形截面,檩条、支撑等构件,屋面、外墙采用压型钢板屋面板。厂房的刚架等主要构件在工厂预制后,运输到现场后通过高强度螺栓节点相连。厂房长 104m,宽 30m,高 12m,钢结构公司使用 Revit 软件,根据该厂房的设计文件进行建模、深化设计以及制造(图 4-6)。

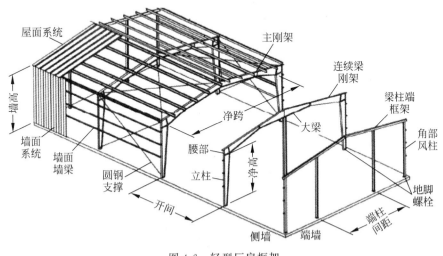

图 4-6　轻型厂房框架

2. 香港坚尼地城游泳池

香港坚尼地城游泳池(图 4-7)是由 Revit 事务所设计的位于香港岛西侧的坚尼地城的一个公共游泳池,其功能齐全、建筑设计独特,既丰富了当地的社区活动也为坚尼地城带来了个性。该游泳池最高约 50m,宽约 80m,Revit 建筑设计模型由业主提供,钢结构企业负责深化设计、制造以及运输至现场。

图 4-7　香港坚尼地城游泳池

3. 美国富兰克林大厦

美国富兰克林大厦(图 4-8)是位于波士顿市区的一个重建项目,地上结构为高层框架
－支撑钢结构。该项目需要保留一面原大厦的外墙,现场的施工场地有限。钢结构企业根
据业主提供的设计图纸建立模型,并负责深化设计、制造。

图 4-8　美国富兰克林大厦

4. 广州海心沙看台

广州海心沙看台(图 4-9)位于广州市海心沙岛上,是用于广州亚运会开幕式的钢结构。
该项目属于临时建筑,但其按照永久建筑标准设计,共有 25 000 个座位。由于该项目的施
工工期紧张,需要在 8 个月内完工,其钢结构的深化设计和制造工作由不同的钢结构企业合
作完成。

图 4-9　广州海心沙看台

　　以上 4 个案例都具有一定的代表性,4 个案例的类型分别是规则的工业厂房项目、外形复杂的项目、用钢量庞大的高层建筑项目以及工期紧张的大型公共项目。规则的工业厂房经常被使用,除了厂房,多层的钢结构住宅楼、教学楼等建筑物也具有产业化的特征,可以借助 BIM 技术缩短项目工期,提高项目管理的质量;建筑师在一些公共项目中利用复杂抽象的建筑形体表达建筑的理念,提升建筑物的影响力,同时也增加了建造的难度,BIM 的建模能力和可视化能力可以运用于该类项目中;钢结构形式的高层建筑物工期短,可以减少业主的融资压力,利用 BIM 技术可以更好管理庞大的钢结构工程量;工期紧张的大型公共项目通常需要不同的钢结构企业合作完成,BIM 技术可以协助工程师解决协同工作中出现的冲突问题。

4.5.2　应用 BIM 技术的项目收益

　　对以上列举的 4 个钢结构案例,下面分别从主要技术内容和获得效益两个方面分析项目使用 BIM 技术后获得的收益,详细内容见表 4-1。

表 4-1　BIM 的收益

项 目 名 称	主 要 技 术 内 容	获 得 效 益
广东省某门式钢架工业厂房	钢结构企业负责模型建立、深化设计、出图、加工制造以及安装,利用 BIM 软件进行工程量的统计、进度计划的安排等	增强门式刚架工业厂房产业化程度;自动钢结构加工图纸出图;将深化设计价格从 200 元降低到 15 元;准确的工程量计算,误差在 1% 以内;使工期缩短至 50 天到 2 个月
香港坚尼地城游泳池	设计师创建的 Tekla 几何模型直接递交给钢结构承包商,钢结构分包商完善节点,并出图及加工	运用了 BIM 软件对特殊截面的建模能力;运用了 BIM 模型进行投标报价以及编制构件制造的计划
美国富兰克林大厦	业主提供建筑以及结构设计图纸。钢结构分包商负责 Tekla 模型的建立、深化、出图以及制造等工作	将深化设计价格从 200 元/吨降低到 85 元/吨;使用 BIM 模型,满足客户需求;BIM 配合 RFID 技术,加强了对项目进度的监控,克服现场构件放置的难题
广州海心沙看台	不同的钢结构分包商共同协作,利用 Tekla 建立钢结构模型,并进行深化,自动生成加工图纸	实现了不同钢结构企业的协作,使项目顺利快速完成

　　从表 4-1 可以看出,BIM 技术提高了钢结构项目信息集成管理的程度,提高了门式刚架工业厂房的产业化程度,项目进展更流畅;使项目管理人员能有效地控制项目的成本和工期,保证项目按期完成;其空间建模和可视化的特点,可以实现 CAD 软件难以完成的特殊曲面的处理,使得有特殊曲面的建筑物项目中的工作能顺利完成;降低了深化设计的成本,减少了出图的工作量;帮助项目中不同制造商协同工作,还可以与 RFID 技术结合,更好地管理施工现场的构件信息。以上 4 个项目的实践可以证明 BIM 技术在钢结构工程中应用的显著优势。

4.5.3　典型的 BIM 建模算例及应用

　　本节以单层厂房开发建设的工程设计为实际案例,基于 Revit 2011 软件平台,开展建筑方案设计、初步设计、施工图设计、分析出图等建筑设计全过程工作,总结出基于 BIM 技术的建筑设计工作流程以及应用特点,为 BIM 技术在建筑工程的应用提供工程实践依据。设置方案模型所需的建模技术包括设定层数、建立柱网、绘制墙体、生成楼板、生成梁柱、绘制幕墙、建立门窗和楼梯及栏杆元素参数化、平面区域功能分布等内容。

1. 工程算例背景

以单层厂房为例,将第 2 章和第 4 章涉及的局部建模技术组合成一个完整的建模流程,实现从理论技术到实践应用的过渡。

2. 绘制标高

在工程列表中选择新建一个【楼层】,或者直接框选图形界面的整个平面,确定框选范围后软件会自动弹出对话框,可以设置平面的楼层名称、层高等模型数据,按照剖面图设置楼层后还需单独设置总平面图、门窗信息及大样图等信息,但为了防止因图纸层数增加,导致有效信息层被覆盖,可预留 1~2 层作为信息层。Revit 中如果多层平面参数相同,可以复制其中一个平面参数粘贴到其他平面。实例中由于是单层厂房,所以设置为 1 层。

绘制标高时,在标高线条的右侧显示标高的注释。在绘制过程中,Revit 会显示提示线条,使得每条标高线等长。根据设计楼层的标高信息,绘制标高后,单击标高的名称和数据,可以进行相应的修改,直接输入新的标高名称和数据即可实现修改,以上过程即标高的建立。由于是单层厂房,所以设置上下两个标高,中间部分为一层,见图 4-10。完成标高后即可绘制轴网。

图 4-10 标高层数

3. 绘制轴网

在【建筑】选项卡选择【轴网】,执行轴网绘制命令。绘制轴线时,单击空白区域,并进行拖动,即可绘制一条轴线,注意绘制的轴线要垂直/水平,绘制时从左向右,从下向上绘制,以保证轴线标注的正确性。绘制一个方向的所有轴线后,可以对轴线的长度进行统一的调整:

单击任意一条轴线,在数值标注位置会出现一个小的空心圆圈,用光标选中空心圆圈并进行拖动,即可调整一个方向所有轴线的长度,拖动到目标位置取消光标即可。完成一个方向的轴线绘制后,进行另一个方向的轴线绘制:选择【轴网】命令,注意在绘制第一条轴线后,需要更改其名称,以便与之前方向的轴线加以区别,轴网绘制见图 4-11。

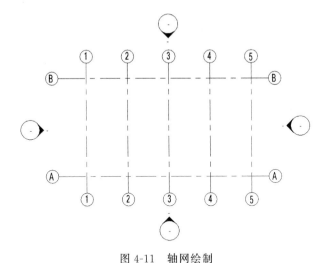

图 4-11　轴网绘制

4. 建立柱网

相对规整的柱网可使用柱网系统自动建立,复杂的柱网手工绘制,这种绘制技术的可调控性和操作性相对灵活。本算例中,单层厂房的柱网采用了柱网系统进行布置。

柱网一般和轴网搭配绘制,在轴网的交点位置,一般就是柱的位置。在【建筑】选项卡单击【柱】选项,选择【柱:建筑】,执行柱的绘制命令。执行建筑柱绘制命令时,在【属性】窗口定义柱的属性,可以单击【柱】设置柱的尺寸。在【底部标高】和【顶部标高】输入数据设定柱的高度,完成后单击对应的位置放置柱。在平面内可以看到的柱,都会直接显示柱的线条,如果设置错误,或者柱在当前平面看不到,就不会出现柱的线条,见图 4-12。

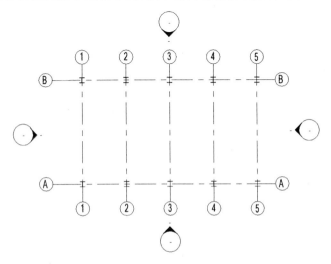

图 4-12　柱网创建

5. 绘制墙体

墙体与整个建筑模型相关联,并非简单的二维图形。当修改墙体参数时,只需重新输入新的参数,相关联的二维图形会随新参数而自动修改,不需要在二维平面和剖面中重新绘制。在【墙】对话框内,设置相应参数即可对平面图中线型、构造以及在三维模式下的型体和材质进行编辑。在本算例中,厂房为 1 层,所以要在【标高 1】视图绘制墙体(图 4-13)。

单击【建筑】选项卡【墙】-【墙:建筑】,见图 4-14。

图 4-13 【标高 1】选项卡

图 4-14 建筑墙的选择

默认墙厚是 200mm,即可开始绘制,见图 4-15。

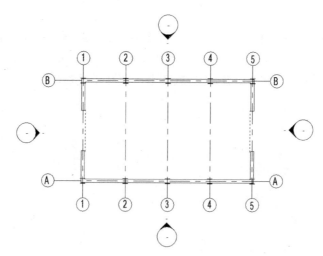

图 4-15 墙的绘制

6. 楼板设置

厂房的板包括两种:地面和顶板,均是用【板】工具构建的。【板】是基础的水平建筑模块,其作用是地板建模或分割层并生成相应的图表信息。墙体和板建立的顺序,因工程需要而定。

在【建筑】选项卡中选择【楼板】-【楼板：建筑】命令即可开始绘制楼板,将光标放置在墙体上方不动,按 Tab 键,直至相连的墙体高亮显示。然后单击【编辑完成模式】即可创建楼板,楼板创建见图 4-16。

图 4-16　楼板的创建

7. 生成梁柱

单层厂房梁柱元素相对比较简单规整,基本以矩形为主。单击【结构】选项卡【梁】工具命令,显示【工作平面】窗口,进入绘制界面,在绘图区单击梁的起点和终点完成梁的创建。可以在【类型】选择器的下拉列表中选择需要的梁类型,见图 4-17。

图 4-17　梁的放置

完成上述建模步骤后,方案设计阶段的 BIM 模型主体部分已基本完成。接下来需要进一步添加或修改更完整的 BIM 模型的参数,这是 Revit 建模过程的重要阶段,其他部件,如门窗、楼梯、楼梯栏板、异型构件都在这个阶段补充至 BIM 模型的参数中,包含参数信息的对象元素以部件的形式组成 BIM 模型,于是具有信息集成化的特点。使用 Revit 的创建工具,就可以把需要参数化的元素,如灯、门、窗、楼梯、异型构件等分别设置相应的参数并归类标记。值得一提的是,在建模之前的方案阶段执行空间功能区域划分时,可以为不同的区域类别、功能空间赋予不同的背景颜色和名称,按照不同的分类方法(如建筑功能)区分不同的房间。这种方法也为计算面积、体积和统计成本提供便利。

至此,基本完成了建筑方案阶段的 BIM 模型的主要内容,可以看到,建模全过程就是模拟真实的建筑构件,这种方法在设计构思和现实模拟的过程中更能激发建筑师的灵感,使其依据真实效果做出合理的判断,而无需在二维和三维模型的转换、修改、矫正中浪费精力,建筑创作成果更贴近真实效果,可以说"所见即所得",从而将建筑师设计模式从简单的二维模式变为真实、直观、智能的设计环境。

4.6　本　章　小　结

　　钢结构作为一种广泛应用的结构形式,具有效率高、强度大、对环境破坏小等特点,是建筑行业的热门结构之一。钢结构制造工艺复杂,对信息管理的要求较高。除了理论的探索,本章也提供了实例的分析,详述了 4 个不同类型的项目(规则的工业厂房项目、形体复杂的项目、用钢量庞大的高层建筑项目以及工期紧张的大型公共项目)利用 BIM 所获得的效益。

　　本章主要内容总结如下:

　　(1) BIM 技术符合工程项目管理的理论,既能串联项目的生命周期也可以提高项目各方的信息交流效率,其三维展示能力为项目带来更多可能性,可以使建筑行业提高自身工作效率。

　　(2) BIM 技术在钢结构工程中的应用以钢结构专业分包商为驱动,钢结构企业应配备 BIM 团队并使用 Revit 进行建模、结构分析、深化设计、工程量计算、加工制造和成本控制等工作。

　　(3) 多个国外钢结构建筑设计与施工运用 BIM 技术,并获得了良好的经济和技术效益,是推动我国 BIM 技术在钢结构工程中应用的动力。

　　(4) 通过 4 个有代表性的实例,可以看出 BIM 技术对降低钢结构工程项目的深化设计费用、缩短工期、准确预算工程量等方面有实质性的效果,而且在提高对项目的管控能力、改善安装现场环境、减少项目信息的流失和错误方面有巨大的潜在效益。

第 5 章

BIM技术在桥梁设计中的应用

本章首先介绍 BIM 基础知识、Revit 软件的操作界面及 Revit 的基本术语,随后深入介绍桥梁基础 BIM 模型、桥梁墩台 BIM 模型、桥梁主梁 BIM 模型、典型案例和图纸输出等,使读者在掌握桥梁设计 BIM 技术应用的基础上,具备应用 BIM 软件进行桥梁构件建模及输出的能力。

5.1 引　　言

5.1.1 BIM 基础知识

BIM 技术的应用能够实现项目全生命周期的信息获得有效的组织、追踪和维护,可以保证项目信息从某一阶段传递到另一阶段时不发生"信息流失",减少信息歧义和不一致等问题。当前,BIM 技术正逐步应用于建筑、道路、桥梁与地铁的设计、施工现场管理、后期运营维护管理等多个方面。

BIM 技术在设计阶段的应用主要包括施工模拟、设计分析与协同设计、可视化交流、碰撞检查及设计阶段的造价控制等。在设计阶段运用 BIM 技术,可以将承包商、设计单位等相关单位紧密联合在一起,提高了业主和其他参与方对设计过程的参与程度,使其共享全部信息,在节约工期的同时,进一步提升设计价值。

BIM 技术在施工阶段的应用主要包括虚拟施工及施工进度控制、施工过程中的成本控制、三维模型校验及预制构件施工等方面。在施工阶段应用 BIM 可视化技术,可以展示建筑模型与实际工程的对比结果,帮助业主考察虚拟建筑与实际施工建筑的差距,发现不合理的部位。同时,该对比结果可以帮助业主对施工过程及建筑物相关功能进行进一步评估,从而提早预判,对可能发生的情况进行及时调整。

相对建筑设计和施工阶段,目前 BIM 技术在运维阶段的应用案例较少,随着项目全生命周期管理理念的逐步深入,BIM 技术在运维阶段的应用将具有广阔的前景。

综合 BIM 技术在设计阶段、施工阶段和运维阶段的应用特点,BIM 技术具备以下特征:

1. 可视化

可视化即"所见所得",BIM 的可视化是一种能够在构件之间形成互动性和反馈性的可视。在建筑信息模型中,由于整个过程都是可视化的,所以,可视化的结果不仅可以用于效果图的展示及报表的生成,更重要的是,项目设计、建造、运营过程中的沟通、讨论、决策环节都在可视化的状态下进行。

2. 协调性

BIM 技术可在建筑项目施工前期对各专业的信息不对称问题进行协调,生成协调数据,提供解决方案。当然 BIM 的协调作用也并不只体现在项目前期解决各专业间的信息不对称问题,还可以解决更多项目建设中的具体问题,例如:电梯井布置与其他设计布置及所需净空之间的协调,防火分区与其他设计布置之间的协调,地下排水布置与其他设计布置之间的协调等。

3. 模拟性

在设计阶段,BIM 技术可以对待模拟的环节建立相应的模型,例如:节能模拟、紧急疏散模拟、日照模拟、热能传导模拟等;在招投标和施工阶段可以进行四维模拟(三维模型结合项目的发展时间),即根据施工组织设计模拟实际施工过程,从而确定合理的施工方案来指导施工。还可以进行更深入的五维模拟(基于四维模型的造价控制),从而实现成本控制;后期运营阶段可以建立日常紧急情况的处理方式模型,例如地震人员逃生模拟及消防人员疏散模拟等。

4. 优化性

事实上整个设计、施工、运营的过程就是一个不断优化的过程,当然优化和 BIM 并不存在必然联系,但在 BIM 的基础上可以更好地做优化。现代建筑物的复杂程度大多超过参与人员对其进行整体优化的能力极限,BIM 及配套的各种优化工具提供了对复杂项目进行优化的可能。

5. 可出图性

与常规的建筑设计院完成的 2D 建筑设计图纸和构件加工图纸不同,BIM 技术是通过对建筑物进行可视化展示、协调、模拟、优化后,利用相关软件自动生成综合管线图、综合结构留洞图、碰撞检查侦错报告和建议改进方案等文件。

以上介绍了 BIM 技术的特点,下面将介绍 BIM 技术在设计阶段的应用情况。由于设计阶段大多属于先行阶段,因此项目在全生命周期过程中应用 BIM 技术,应首先解决 BIM 技术在设计阶段的应用问题。目前,BIM 技术应用于建筑工程项目中已日趋成熟,而应用于桥梁信息模型(bridge information modeling)是桥梁设计发展新方向,因此本章重点介绍 BIM 技术在桥梁设计阶段的内容。

桥梁设计阶段需要将规划与决策阶段设计师的设计意图体现在设计模型中,设计模型成果体现了桥位、桥梁结构形式、施工方案等从工程整体到局部再到细部的层层设计。桥梁设计师既需要对桥梁结构进行设计,还需要对桥梁"建筑"外形进行设计。我国桥梁设计一般分为三个阶段：初步设计阶段、技术设计阶段、施工图设计阶段。将 BIM 技术应用到桥梁设计的各阶段，不仅为设计人员提供了方便，而且为设计成果带来了巨大的革新，显著提高了桥梁的设计质量和设计效率。

　　BIM 技术应用于桥梁工程设计，首先建立 BIM 模型，对相关的数据信息合理收集和整理，为图纸校核、工程量统计、碰撞检查等应用提供模型基础，并为后续项目的精细化施工及信息化管理提供设计成果。故 BIM 模型在桥梁工程项目中占有至关重要的地位，而模型的建立必然依托核心建模软件才能够实现。目前，应用较多的建模软件如下。

1. Autodesk Revit

　　Revit 作为 Autodesk 公司开发的 BIM 系列软件之一，适用于建筑、结构、设备等专业领域。由于 Revit 系列软件操作界面友好，并能够为初学者提供试用版，因此该系列软件是目前 BIM 技术应用最广泛的软件。在我国工程领域广泛使用，占有极大份额。

2. Bentley

　　美国 Bentley 公司开发的 BIM 系列软件主要包括结构、建筑和设备专业的相关软件，从桥梁应用角度，Bentley 软件更具有优势。但是该公司系列软件费用昂贵、上手困难，因此应用范围受到了限制。

3. Dassault-Catia

　　法国 Dassault(达索)公司开发的 BIM 系列软件有 Catia、Solid Works 等。利用 Catia 软件可以实现工程三角网地形曲面、地质模型、道路路线设计以及桥梁建模等，尤其是在复杂曲面与异形构件的处理方面，相比其他建模软件而言，这款软件具有较大的优势，但对于工民建、基础设施等，Catia 并不擅长该领域的建模。

　　综上，Autodesk Revit(Revit)可以创建、编辑桥梁工程中大部分构件形体，能满足不同复杂度、精度要求，软件拥有渲染和动画展示的功能，同时由于 Autodesk 系列的其他绘图软件如 CAD，在我国占据主要市场，因此，我们最终选取具备高精准性、出色的可视效果、易学习使用、需求低配置和开源的开发平台等特质的 Revit 软件作为核心建模软件，并以桥梁基本构件为基础对 BIM 在桥梁设计阶段的应用进行具体模型构造分析。

5.1.2　Revit 软件的操作界面

1. Revit 启动

　　Revit 的启动方式一般有两种：一是单击【开始】菜单程序中 Autodesk 的 Revit 命令；二是双击桌面 Revit 快捷图标。Revit 启动后会显示 4 个最近打开的项目或族文件，如图 5-1 所示。

2. Revit 的界面基本布局

　　下面以打开【新建项目】-【构造样板】为例，介绍操作界面的基本布局，包括应用程序菜单、快速访问工具栏、信息中心、选项卡、属性选项卡、项目浏览器、视图控制栏、状态栏及绘图区等 9 部分的内容。如图 5-2(a)所示。

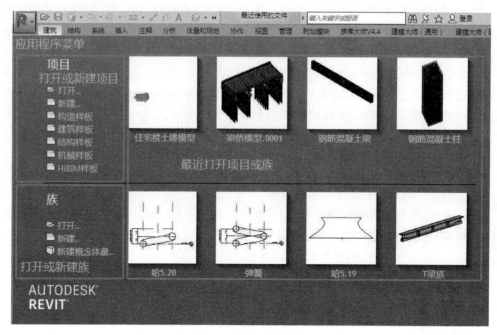

图 5-1　Revit 启动界面

1）应用程序菜单

应用程序菜单类似于传统界面下的文件菜单，包括新建、保存、导出、退出等，如图 5-2(b) 所示。在应用程序菜单界面单击右下角的【选项】按钮，可以打开【选项】对话框，如图 5-3 所示。

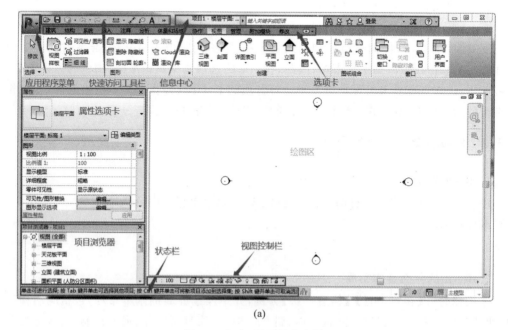

(a)

图 5-2　Revit 界面基本布局

(a) 操作界面布局；(b) 应用程序菜单

(b)

图 5-2　（续）

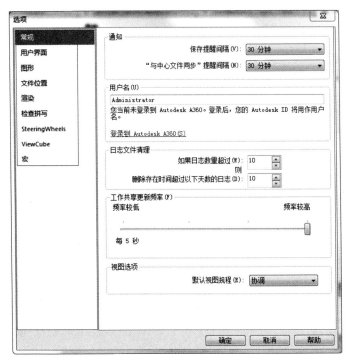

图 5-3　【选项】对话框

在【选项】对话框中,可实现常规、用户界面、图形、文件位置等内容的设置。

2) 快速访问工具栏

快速访问工具栏,如图 5-2(a)所示,默认显示最常用的工具也可以对该工具栏的显示工具内容进行自定义。快速访问工具栏可以显示在功能区的上方或下方,图 5-2(a)是在上方显示,如果修改设置,则在快速访问工具栏位置单击【自定义快速访问工具栏】,选择【在功能区下方显示】,即可实现下方显示。在此对话框中也可以自定义快速访问工具栏,选择需要定义的工具,然后单击【确定】按钮即可。

3) 信息中心

信息中心提供了非常完善的帮助文件系统,方便用户在遇到困难时进行搜索查阅。单击【信息中心】-【帮助】按钮或按键盘 F1 键,可以打开帮助文件查阅相关的帮助。

4) 选项卡

选择选项卡会显示相应的工具面板和工具,有时也把选项卡、工具面板和工具组成在一起称为功能区,功能区提供了创建项目或族所需的全部工具。在操作时,单击选项卡对应的工具可以执行相应的命令,进入绘制或编辑状态。如工具和工具面板图标下方存在下拉箭头,表示该工具和工具面板下存在附加工具和命令。

5)【属性】选项卡

在【属性】选项卡可以查看和修改图元实例属性的参数。【属性】选项卡可以固定到 Revit 窗口的任意一侧,也可以将其拖拽到绘图区域的任意位置成为浮动面板。当选择图元对象时,【属性】选项卡将显示当前选择对象的实例属性;如果未选择任何图元,则选项卡上将显示活动视图的属性。

6) 项目浏览器

项目浏览器用于组织和管理当前项目中包括的所有信息。它包括项目中所有视图、明细表、图纸、族、组、链接的 Revit 模型等项目资源,Revit 按逻辑层次关系组织这些项目资源,方便用户管理。展开和折叠各分支时,将显示下一层项目。在 Revit 中,可以在项目浏览器对话框任意栏目名称上单击鼠标右键,在弹出的快捷菜单中选择【搜索】选项,如图 5-4 所示,

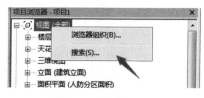

图 5-4 "搜索"选项

会弹出【在项目浏览器中搜索】对话框,该对话框可以用来在项目浏览器中对视图、族及族类型名称进行查找定位。

如果 Revit 界面没有显示项目浏览器和属性选项卡,可在【视图】选项卡中选择【用户界面】,选中需要显示的【项目浏览器】和【属性】即可完成显示设置。

7) 视图控制栏

视图控制栏位于视图窗口底部,状态栏的上方,如图 5-2(a)所示。视图控制栏可以快速实现当前视图的相关功能,主要包括视图比例、视图详细程度、模型视觉样式、打开/关闭日光路径、打开/关闭阴影控制、裁剪视图、显示/隐藏裁剪区域、临时隐藏/隔离、显示隐藏的图元、临时视图属性、显示约束等。

8) 状态栏

状态栏在应用程序窗口底部显示。使用某一工具时,状态栏左侧会提供一些技巧或提

示,告诉用户做些什么。高亮显示图元或构件时,状态栏会显示族和类型的名称。

9)绘图区

绘图区显示的是当前项目的视图(以及图纸和明细表),每次打开项目中的某一视图时,默认此视图显示在其他打开的视图之上,其他视图仍处于打开状态,在当前视图下面,可以最小化当前视图找到需要的视图,并完成模型的绘制。

5.1.3 Revit 的基本术语

Revit 是三维参数化建筑设计工具,不同于大家熟悉的 AutoCAD 绘图软件,Revit 有专用的数据存储格式,且针对不同用途的文件,Revit 的存储格式也存在差异。在 Revit 中,最常见的几种文件类型为项目文件、样板文件和族文件,这里主要介绍项目与项目样板、族、体量等内容。

1. 项目与项目样板

项目文件包括设计所需的全部信息,所有的设计模型、视图及信息都被存储在后缀名为 rvt 的 Revit 项目文件中。

后缀名为 rte 文件中定义了新建项目中默认的初始参数,例如:项目默认的度量单位、楼层数量的设置、层高信息、线型设置等。

2. 族

族是 Revit 软件中的一个非常重要的构成要素,族文件以 rtf 为后缀。Revit 提供的族编辑器可以让用户自定义各种类型的族,而根据项目需要灵活定义族是准确、高效完成项目的基础。

掌握族的概念和用法至关重要。正是因为族的概念的引入,参数化的设计才可以实现。族是一个包含通用属性(称作参数)集和相关图形表示的图元组。属于一个族的不同图元的部分或全部参数可能有不同的值,但是参数(其名称与含义)的集合是相同的。族中的这些变体称作族或族类型,例如,桥台族包含可用于创建不同桥台(如盖梁、耳墙和背墙)的族和族类型。尽管这些族具有不同的用途并由不同的材质构成,但它们的用法却是相关的。族中的每一类型都具有相关的图形表示和一组相同的参数,称作族类型参数。

族可以分为内建族、系统族和标准构件族。

内建族,是在当前项目为专有的特殊构件所创建的族,不需要重复利用。创建内建族时,可以根据使用的类别决定构件在项目中的外观和显示控制。

系统族,即为 Revit 自带的族,包含基本建筑图元,如墙、屋顶、天花板、楼板以及其他在施工场地使用的图元。标高、轴网、图纸和视口类型的项目和系统设置也是系统族。

标准构件族,是用于创建建筑构件和一些注释图元的族。使用族编辑器创建和修改构件,可以复制和修改现有构件族,也可以根据各种族样板创建新的构件族。族样板可以是基于主体的样板,也可以是独立的样板。族样板有助于创建和操作构件族。标准构件族可以位于项目环境外,且具有扩展名 rfa。可以将它们载入项目,从一个项目传递到另一个项目,而且如果需要还可以从项目文件保存到技术人员的族库中。因为 Revit 主要针对建筑,因此针对桥梁构件所创建的族都应属于标准构件族,它们具有高度可自定义的特征,可重复利用。

创建标准构件族的常规步骤如下:

(1)选择适当的族样板。

(2)定义有助于控制对象可见性的族的子类别。

（3）布置有助于绘制构件几何图形的参照平面。

（4）添加尺寸标注以指定参数化构件的几何图形。

（5）全部标注尺寸以创建类型或实例参数。

（6）调整新模型以验证构件行为是否正确。

（7）用子类别和实体可见性设置指定二维和三维几何图形的显示特征。

（8）通过指定不同的参数来定义族类型的变化。

（9）保存新定义的族，然后将其载入新项目并观察其运行情况。

根据以上步骤，应用相关族创建命令，即可完成不同族模型的创建。族创建的基本命令包括 5 种：拉伸、融合、旋转、放样、放样融合。族模型的构件既可以是实心构件也可以是空心构件，如果是空心的，需配合剪切命令使用。以下介绍族创建命令的具体应用。

1）拉伸

拉伸用于创建起点和终点截面没有变化的实体。先绘制目标实体的截面轮廓草图，然后指定实体高度生成模型，如图 5-5 所示。

2）融合

融合用于创建底面和顶面的截面形式或者面积不同的实体。先绘制底部和顶部的截面形状，并指定实体高度，然后在两个不同的截面形状间融合生成模型，如图 5-6 所示。

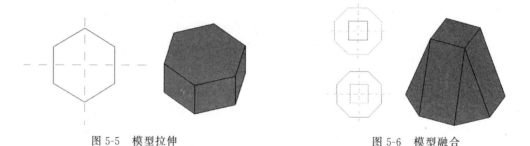

图 5-5　模型拉伸　　　　　　　　　　　图 5-6　模型融合

3）旋转

旋转用于创建截面绕某一轴线旋转形成的实体。先绘制封闭轮廓，然后该轮廓绕旋转轴旋转指定的角度后生成模型，如图 5-7 所示。

4）放样

放样用于创建截面沿某一路径延伸形成的实体。先绘制放样路径，然后在垂直于路径的面上绘制封闭轮廓，封闭轮廓沿路径从起点到终点生成模型，如图 5-8 所示。

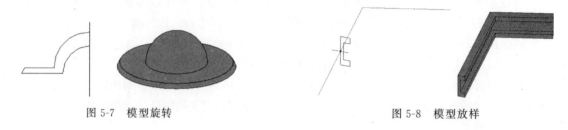

图 5-7　模型旋转　　　　　　　　　　　图 5-8　模型放样

5）放样融合

放样融合集合了放样和融合的特点，用于创建沿某一路径融合不同底面和顶面形成的

实体。首先绘制放样路径，通过选择路径起点
轮廓和终点轮廓绘制不同的截面形状，自动融
合生成模型，如图 5-9 所示。

图 5-9　模型放样融合

创建实体有两方面需要注意：一是在使用
拉伸功能绘制截面轮廓草图时，可以绘制多个封闭轮廓，一次完成多个实体的创建；二是在
融合功能中（包括放样融合），当底面和顶面分别为多边形和圆形时，由于圆形截面的控制点
只有一个，会造成融合异常，因此需要打断圆弧，通过增加融合控制点来避免。

3. 体量

Revit 中除了使用族建模之外还可以应用体量建模。体量建模一般是为了建筑方案设
计的，当然也可以做其他用途，它大大增强了 Revit 建立大曲面模型的能力。体量可以从其
他软件中导入，也可以在 Revit 中建立。Revit 导入体量以后，很多建模命令可以拾取体量
模型，例如建立墙或者桥墩时，可以直接拾取，从而解决了 Revit 无法生成异形曲面墙和特
殊墩等问题。

体量属于概念设计的一种，其概念设计环境其实是一种族编辑器，在该环境中，可以使
用内建体量和可载入的体量族图元来实现概念设计。在 Revit 模型中，体量的概念是指在
建筑模型的初始设计中使用的三维形状，整个建筑是由多个形状拼起来的，这里所说的形状
不仅仅是一个单独的几何体，它有可能是立方体、球体或者圆柱体、不规则体等，或是由一个
或多个形状拼接或连接组成的。

除了概念设计环境之外，Revit 软件在项目环境里还提供了另一种比较快捷的概念设
计的环境，称为内建体量的环境，它的操作界面与概念设计环境基本一致，可以在其中创建
各种各样的形状和体量，对它进行编辑。体量与内建体量在功能上基本没有区别，唯一的区
别在于用内建体量创建的体量，只能够应用在当前的项目环境中，无法独立存成另外一个文
件，也就无法在其他的工程中应用。

体量生成形状的操作方式与族类似，也有 5 种创建方式。

1）拉伸

拉伸命令用于构建某一截面沿垂直于其截面的轴向厚度方向增厚而生成的三维实体。
体量拉伸需基于闭合轮廓或源自闭合轮廓的表面创建。

在【公制体量】中进行体量的创建，通过选择图 5-10 中的绘制命令完成闭合轮廓的绘
制，如图 5-10 所示。

图 5-10　体量轮廓的绘制命令

在绘制轮廓前，需选择某一视图进行轮廓的绘制，例如：选择【楼层平面】-【标高 1】视
图，创建一个直径为 50 000mm（半径 25 000mm）的圆轮廓，如图 5-11(a)所示。

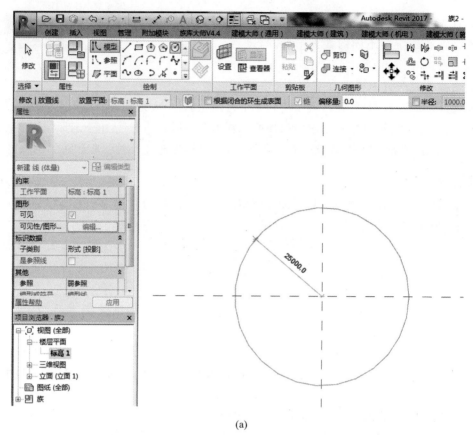

(a)

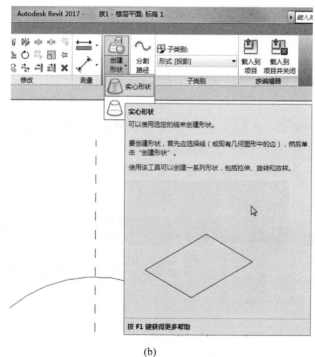

(b)

图 5-11　拉伸命令的执行

（a）轮廓绘制；（b）实体创建

在图 5-11(b)单击【创建形状】中的【实心形状】命令,弹出【创建拉伸圆柱】和【旋转生成圆球】两种选项,选择【创建拉伸圆柱】,即完成对圆轮廓的拉伸,如图 5-12 所示。

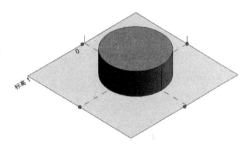

图 5-12　拉伸圆形成圆柱体

2)旋转

旋转命令用于创建轮廓绕某一轴旋转生成三维实体。首先,在三维界面中绘制一条直线作为轴线,在其周围选择【通过点的样条曲线】命令绘制样条曲线作为轮廓,见图 5-13(a),将两条绘制完成的线全选后选择【创建形状】命令中的【实心形状】,即完成了三维模型的创建,见图 5-13(b)。

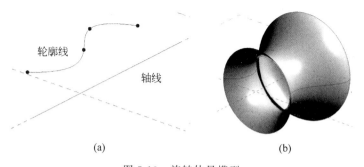

(a) (b)

图 5-13　旋转体量模型
(a) 绘制轴线和轮廓;(b) 三维模型的创建

3)放样

放样命令用于沿某个路径放置的二维轮廓放样生成三维实体。如果轮廓是基于闭合环生成的,可以使用多分段的路径来创建,生成三维实体。如果轮廓不是闭合的,则不会沿多分段路径进行扫描,不能生成目标三维实体。例如拱桥中的主拱圈即可采用体量中的放样去进行创建,首先设置工作面,在三维视图中选择竖直的面作为工作面,并可以通过此方法设置不同的工作面,如图 5-14 所示。

在此工作面上绘制半径为 25 000mm 的半圆弧(路径),并在此弧线的一端切换成平面,绘制半径为 500mm 的圆(轮廓),竖直的半圆弧线即为路径,小圆即为轮廓,执行放样命令,放出主拱圈,如图 5-15 所示。

4)放样融合

放样融合命令用于创建沿某一路径融合不同轮廓生成的三维实体。基于沿某个路径放置的两个或多个二维轮廓而创建。应用【绘制】命令中的【通过点的样条曲线】绘制放样路径,分别选择样条曲线上的点,通过设置工作平面,单击【在面上绘制】,选择路径上的不同轮廓将其融合,生成三维实体模型,如图 5-16 所示。

5)融合

融合命令用于创建不同工作平面上的两个或者多个轮廓生成三维实体。注意:生成融合几何图形时,轮廓可以是开放的,也可以是闭合的。例如应用融合命令创建图 5-17 所示的体量模型。首先分析模型,上表面直径为 50 000mm 圆形轮廓,下表面是椭圆形轮廓,

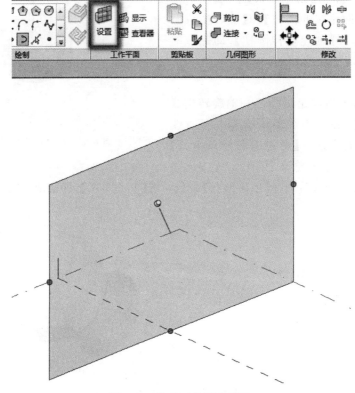

图 5-14　体量工作面的切换

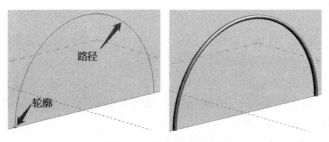

图 5-15　放样体量模型

应用【创建形状】命令完成此三维模型的创建。具体过程如下：先复制标高 1，在距离默认标高 1 为 25 000mm 的位置生成标高 2；然后在标高 1 上绘制轮廓 2 长轴为 80 000mm、短轴为 30 000mm 的椭圆，在标高 2 上绘制轮廓 1 直径为 50 000mm 的圆，两个轮廓绘制完成；将两个轮廓同时选中，应用【创建形状】命令，即完成两个轮廓的融合，创建完成的三维模型如图 5-18 所示。

4. 参数化

Revit 中的图元都是以构件的形式出现，这些构件之间的差异是通过参数的调整反映的，参数保存了图元作为数字化建筑构件的所有信息。参数化设计方法就是将模型中的定量信息表示为变量化，使之成为任意调整的参数。对于变量化参数赋予不同数值，就可得到

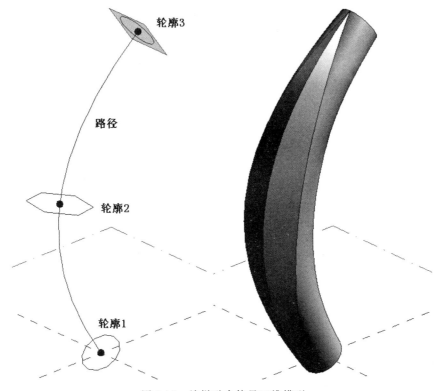

图 5-16　放样融合体量三维模型

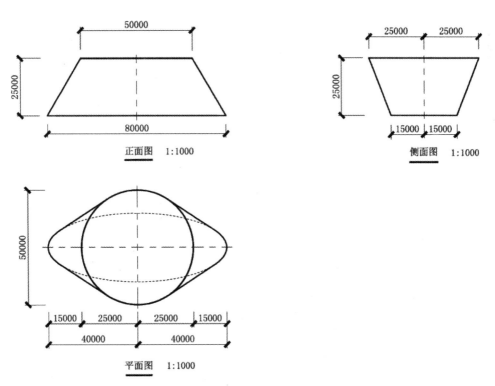

图 5-17　模型的三视图

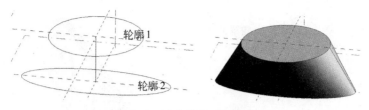

图 5-18　融合体量三维模型

不同大小和形状的构件模型。

变量化参数通常包括图形的几何约束和工程约束。几何约束包括结构约束和尺寸约束,结构约束是指几何元素之间的拓扑约束关系,如平行、垂直、相切、对称等;尺寸约束则是通过尺寸标注表示的约束,如距离尺寸、角度尺寸、半径尺寸等。工程约束是指尺寸之间的约束关系,通过定义尺寸变量及它们之间在数值上和逻辑上的关系来表示。

5.2　桥梁基础 BIM 模型

BIM 模型的建立方式是由各种拆分的构件族通过"搭积木"的方式拼接而成,例如,一个桥的主体主要由基础、墩台和梁这些主要构件拼接形成,因此本节以介绍这些构件族模型的创建为主,包括基础族、墩台族、主梁族等。每一族大类又拥有诸多分支,例如基础族中包括杯形基础和桩基础,其中桩基础还分为方形桩基础和圆形桩基础两种。

5.2.1　杯形基础族

根据族的基本概念和创建步骤,参考杯形基础图纸,如图 5-19 所示,创建杯形基础族。

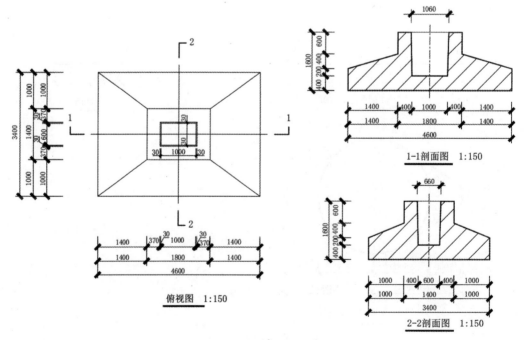

图 5-19　杯形基础图纸

在绘制模型前必须先读懂图纸,根据图纸确定建模方法。分析杯形基础图纸,平面绘制可参考俯视图,立面视图可参考两个剖面图。结合前述族和体量的特点,此杯形基础族可用族建模或体量建模的方式实现,这里以族建模为例,介绍杯形基础的建模过程。

首先打开【新建族】,选择【公制常规模型】创建杯形基础。根据图 5-19,将视图控制栏中视图比例调整为 1：150,即可按照图纸尺寸进行族模型的绘制。

其次是选择合适的模型绘制方法。分析图 5-19 可知,模型绘制应该分为两部分:一部分是实体模型的创建;一部分是空心模型的创建。对于实体模型可以采用拉伸和融合命令来实现,而空心模型可以采用空心融合命令完成。

实体部分可以分为三个部分,上下两个部分均采用拉伸命令来实现,而中间的梯形断面可采用融合命令来实现。具体操作如下:

(1) 选择【创建】选项板中的【拉伸】命令,在【项目浏览器】中选择【楼层平面】-【参照标高】,绘制长 4600mm、宽 3400mm 的长方形,并拉伸,修改拉伸高度为 400mm,即完成下部立方体的绘制,同理绘制上部长、宽、高分别为 1800mm、1400mm 和 600mm 的立方体,如图 5-20 所示。这里需要注意上部立方体的下表面距下部立方体底面的高度为 1000mm。

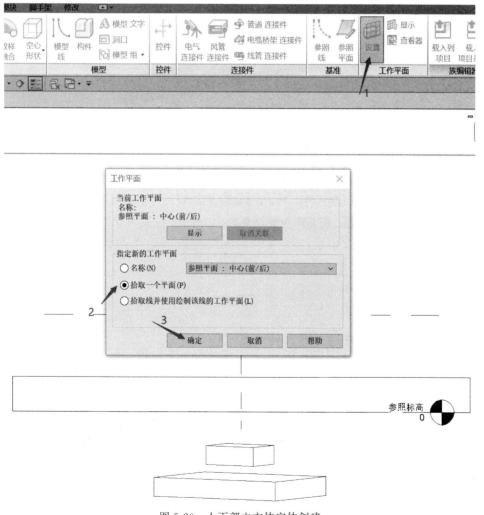

图 5-20　上下部立方体实体创建

（2）执行【融合】命令将大立方体顶面和小立方体底面进行融合,然后应用【修改】选项板中几何图形的连接命令,将三部分连接到一起,完成杯形基础实体部分的创建,如图 5-21 所示。

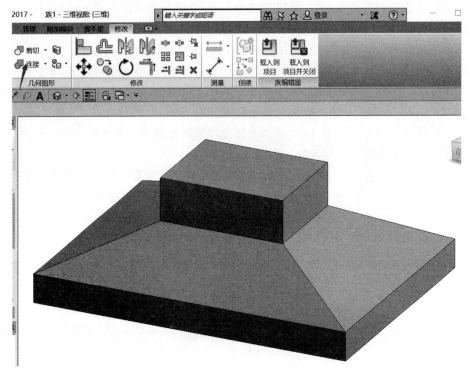

图 5-21　杯形基础实体的创建

（3）选择空心融合命令,先设置空心体上、下两个表面所在的平面,在平面上绘制上、下表面轮廓后,对其进行空心融合。在图 5-22(a)平面 1 和平面 2 位置分别绘制空心体积部分的两个俯视剖面,剖面尺寸参见图 5-19,在 1 面位置绘制长为 1060mm、宽为 660mm 的长方形,为空心体的上表面轮廓;在 2 面位置绘制长为 1000mm、宽为 600mm 的长方形,为空心

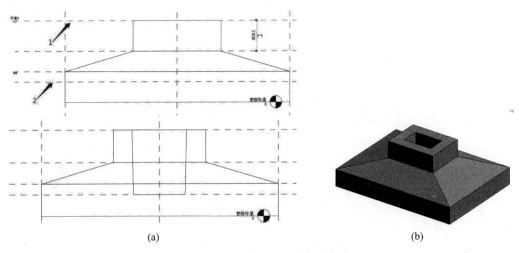

(a)　　　　　　　　　　　　　　　(b)

图 5-22　杯形基础空心融合及效果

(a) 空心融合；(b) 三维效果

体的下表面轮廓；两个长方形的中心均为杯形基础的中心,位置与平面重合,然后进行空心融合,融合后的效果如图 5-22(b)所示。

5.2.2　桩基础族

桩基础根据断面形式的不同分为方形桩基础和圆形桩基础两种,其创建方式大致相同,这里以方形桩基础为例介绍其建模过程,方形桩基础图纸如图 5-23 所示。

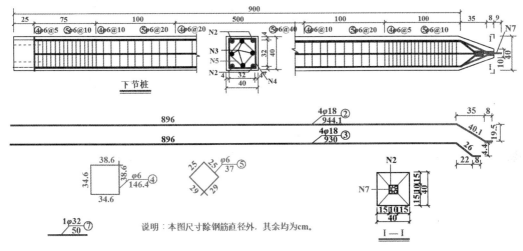

图 5-23　方形桩基础图纸

根据图 5-23 分析此部分建模过程包括方形桩基础实体、相关材质的设置和钢筋模型。下面分三个部分依次加以介绍。

1. 方形桩基础

方形桩基础实体部分仍然应用【族新建】中的【公制常规模型】进行族的绘制,根据图 5-23,将此基础分成两个部分进行绘制：一部分是桩身,另一部分是桩尖。

1) 桩身

桩身部分模型的建立较容易实现,因其长度方向的横截面没有变化,直接执行拉伸命令即可。具体操作步骤是：先在参照平面中绘制桩的横截面,即边长 400mm 的正方形(图 5-24(a)),然后拉伸,拉伸长度为 9000mm,即完成桩身部分模型的绘制。因后期需要在族模型中添加钢筋,应在【属性】选项卡中【结构】选中【可将钢筋附着到主体】,以备后期钢筋添加使用,如图 5-24(b)所示。

2) 桩尖

桩尖的模型是四棱台,可以采用两种不同的方法进行绘制,一种是融合上下两个不同的正方形,上部正方形与桩身模型截面轮廓相同,下部正方形的边长为 100mm,融合后即可实现四棱台的绘制；另一种方法是可以采用放样方式,放样的路径为桩身正方形,放样的轮廓应为桩尖断面的直角梯形。因融合在前述杯形基础绘制时已经应用过,这里采用放样方式进行桩尖部分的绘制。首先绘制路径为 400mm 的正方形(图 5-25(a)),然后绘制轮廓为上底边长为 200mm,下底边长为 50mm,高为 430mm 的梯形(图 5-25(b)),执行放样命令。然后将桩身与桩尖进行连接,效果如图 5-25(c)所示,即完成方形桩基础实体模型的绘制。

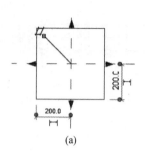

(a)   (b)

图 5-24　桩身模型绘制

（a）桩横截面绘制；（b）结构属性修改

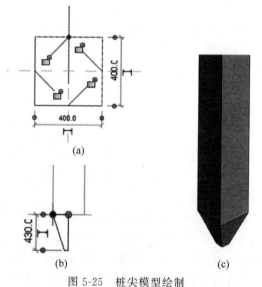

(a)

(b)   (c)

图 5-25　桩尖模型绘制

（a）桩尖路径；（b）桩尖轮廓；（c）实体模型

2. 材质的设置

方形桩基础为混凝土构件，因此需要设置此构件的材质。首先选取方形桩模型，单击【属性】选项板中的【材质和装饰】，如图 5-26(a)所示，打开【材质浏览器】对话框(图 5-26(b))，新建材质并命名【混凝土】，然后在【资源浏览器】对话框的外观库中搜索混凝土，选择【现场浇铸】-【外露骨料】-【粗糙外观形式】(图 5-26(c))，也可以在【外观库】中常规命令的图像位置链接修改其图片形式，如图 5-26(d)所示，单击【确定】按钮后，即完成方形桩模型混凝土材质的设置。

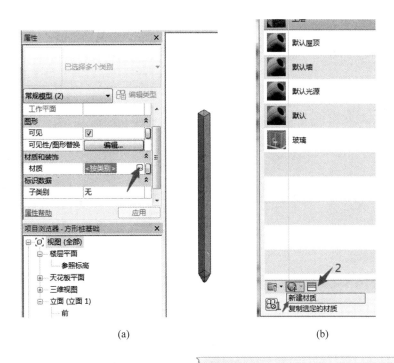

(a)　　　　　　　　　　　　　　　　(b)

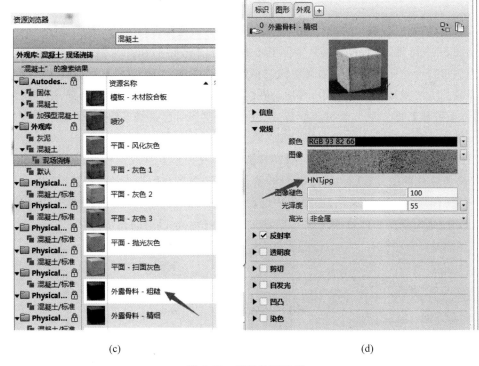

(c)　　　　　　　　　　　　　　　　(d)

图 5-26　材质外观设置

(a) 材质属性设置；(b) 材质浏览器；(c) 资源浏览器；(d) 外观设置

在【材质浏览器】对话框中不仅包括设置的混凝土材质的外观,还有【标识】【图形】【物理】【热度】等选项卡,其主要作用是设置构件的外观和图形。【图形】选项卡中的【着色】模式决定材质呈现的外观,而外观决定【真实】模式中材质呈现的样式,如图 5-27(a)所示。【图形】选项卡中包含【着色】【表面填充图案】【截面填充图案】三个内容,选中【着色】中的【使用渲染外观】,设置完成后即可查看材质显示的情况,如图 5-27(b)所示。

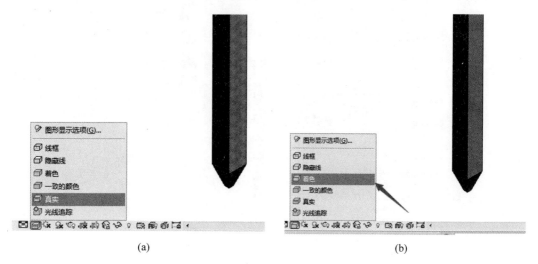

(a)　(b)

图 5-27　材质外观显示效果

(a) 图形真实显示;(b) 图形着色显示

3. 钢筋模型

从图 5-23 可见,钢筋有 2、3、4、5、7 共 5 种类型,2 号钢筋和 3 号钢筋类似,下面以 2 号钢筋为例进行介绍。因需要在项目中添加钢筋,所以首先【新建项目】。选择【构造样板】,将之前完成的方形桩族载入项目中,方法为在【插入】选项卡执行【载入族】命令,按照保存路径选择【方形桩族】,即完成方形桩族的载入。因之前建族时已选择了【可将钢筋附着到主体】,因此可以在此族中进行钢筋模型的绘制。在载入过程中可能存在两个问题,一是族虽载入到项目中,但并未放置,因此可以采用【结构】选项卡-【模型】中【放置构件】命令,即可完成放置;二是所创建的图元在【标高 1】中不可见,处理方法是在【项目浏览器】选项板中切换为【标高 1】视图,然后调整【属性】选项板中的【视图范围】进行编辑,将其【主要范围】和【视图深度】调整为【无限制】,即可实现载入方形桩基础在【标高 1】中的显示,如图 5-28(a)所示。

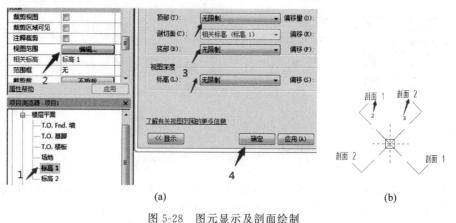

(a)　(b)

图 5-28　图元显示及剖面绘制

(a) 视图范围设置;(b) 添加剖面

　　必须是在构件的剖面上添加钢筋模型,因此需要在【标高 1】中的方形桩基础平面上绘制需要添加 2 号钢筋的剖面,因 2 号钢筋位于正方形平面的四个角,因此添加两个对角线剖面,如图 5-28(b)所示。

　　然后可以选择剖面 1 和剖面 2 进行 2 号钢筋的创建,选择【项目浏览器】选项板中【剖面】-【剖面 1】,打开【剖面 1】视图,这里可以删除多余的标高。选择【结构】选项板-【钢筋】,将项目中【结构钢筋】形状全部载入项目中,以备后期使用,图中 2 号钢筋在【钢筋浏览器】中没有相应的钢筋形状,这里采用绘制钢筋进行钢筋类型绘制,在【放置平面】和【放置方向】选择【当前工作平面】和【平行于工作平面】,然后选择【绘制钢筋】命令,如图 5-29(a)所示。绘制钢筋模型时,显示了保护层边线,可参照此边线进行钢筋模型绘制。

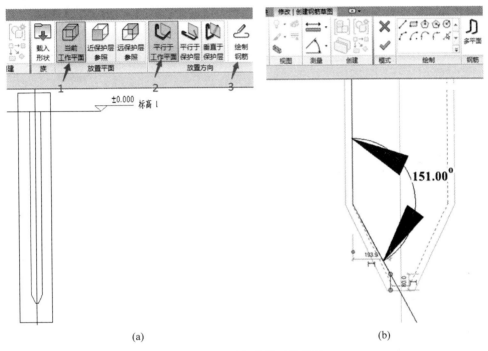

(a)　　　　　　　　　　　　　　　　(b)

图 5-29　2 号钢筋模型的绘制

(a) 放置钢筋设置;(b) 角部钢筋绘制

　　在绘制钢筋模型时需要根据图纸绘制桩尖钢筋的形式,如图 5-29(b)所示,即完成其中一个角部钢筋的绘制,与它对角的钢筋,可采用镜像的方式实现。同理切换至【剖面 2】,完成另一对角线处剖面 2 中 2 号钢筋的绘制。这里还需要根据图纸要求调整钢筋直径,调整方法为选择绘制完成的钢筋,单击【属性】选项板-【编辑类型】,在【编辑类型属性】对话框中将钢筋直径调整为 18mm,如图 5-30 所示。

　　2 号钢筋的三维模型显示情况需要通过修改视图可见性进行设置。首先打开【钢筋图元视图可见性状态】对话框,先选择一个钢筋实例,然后在【属性】选项板上单击【视图可见性状态】对应的【编辑】按钮,为项目中的各个视图选择一个或同时选择两个可见性状态。无论采用何种视觉样式,该视图参数都会显示选定的钢筋。钢筋不会被其他图元遮挡,而是显示在所有遮挡图元的前面。注意,执行剖切后的钢筋图元始终可见,前述设置对这些钢筋实例的可见性没有任何影响。

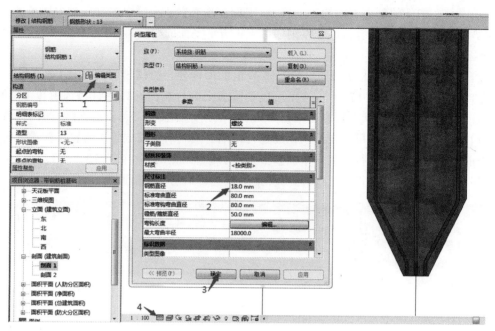

图 5-30　2 号钢筋直径修改及模型显示

可通过修改钢筋可见性来显示钢筋真实形式。具体方法如下：

（1）选择要使其可见的所有钢筋实例和钢筋集。要选择多个实例，在按住 Ctrl 键的同时进行选择。

（2）在【属性】选项板中单击【视图可见性状态】对应的【编辑】按钮。

（3）在【钢筋图元视图可见性状态】对话框中，在【三维视图】中选中【清晰视图】和【作为实体查看】。

（4）将【视图】选项板中【可见性/图形】对话框中的【结构钢筋】详细程度设置为【精细】，选择欲作为三维视图实体显示的钢筋，即可实现钢筋真实性的显示。

采用同样的方法可以完成 3 号钢筋的绘制。

4 号钢筋和 5 号钢筋为箍筋，可采用项目自带箍筋形式进行添加。在添加前还需设置剖面，因图纸中不同长度范围箍筋的数量和间距有区别，因此这里先根据图纸创建对应长度标高，如图 5-31(a)所示。

在标高 12 位置增加剖面 5，如图 5-31(b)所示，若剖面 5 不能正常添加，可以先添加另一方向，然后选择【修改】选项板中的旋转命令，旋至图中位置即可。打开剖面 5 视图，按图纸添加箍筋，可选择【钢筋形状 33】，添加至当前剖面中。可采用【编辑草图】命令对箍筋长度进行修改，同时需要在【属性】选项板中【编辑类型】对话框中复制钢筋类型，将钢筋直径修改为 6mm，设置完成后切换至【剖面 1】视图，选择【修改|结构钢筋】选项板中钢筋集【布局】-【间距数量】，根据图纸设置 4 号钢筋数量为 21，间距为 50mm，【演示视图】选择【显示全部】，即可在标高 11～标高 12 之间显示 4 号钢筋的布局情况，如图 5-32 所示。

同理添加其他标高范围 4 号钢筋，并按照相同方法完成 5 号钢筋的布置。图纸中 7 号钢筋形状比较简单，也可采用 2 号钢筋的绘制方法画一条钢筋，将其直径修改为 32mm 即可，钢筋设置完成后的效果如图 5-33 所示。

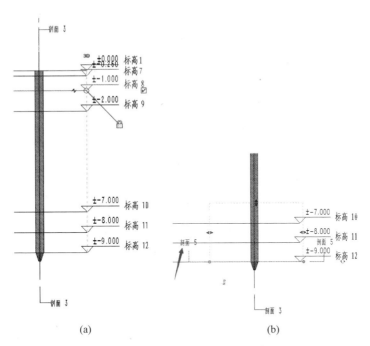

图 5-31　标高添加及剖面 5 绘制

（a）添加标高；（b）剖面 5 绘制

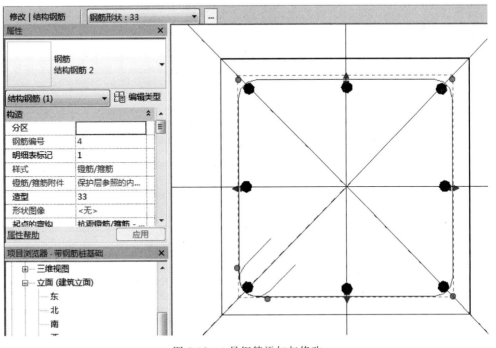

图 5-32　4 号钢筋添加与修改

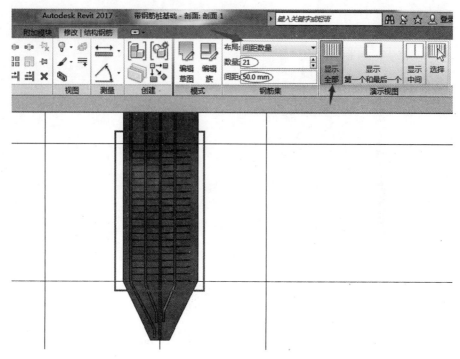

图 5-32 （续）

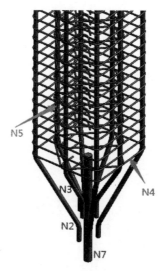

图 5-33 钢筋模型效果图

5.3 桥梁墩台 BIM 模型

常见的桥梁墩台类型包括重力式混凝土桥台、肋板式桥台、重力式桥墩、柱式桥墩和异形桥墩 5 种类型，因此本节主要介绍这 5 种类型桥梁墩台 BIM 模型的构建。

5.3.1　重力式混凝土桥台

桥台属于桥梁的下部结构,与桥墩的主要区别在于桥台的布置位于桥梁的起终位置,承受路堤土的水平力作用,重力式桥台主要靠自重来平衡台后的土压力,常见的有重力式 U 形桥台,如图 5-34 所示。以下根据二维图纸对绘制三维桥台模型的过程进行介绍和说明。

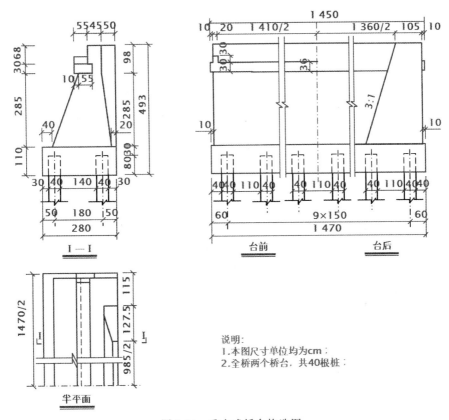

图 5-34　重力式桥台构造图

在绘制桥台前,需要对图 5-34 进行读图和分析,可以看出桥台是由Ⅰ—Ⅰ图中的台帽、台身以及承台三部分组成,因此,创建模型时也应从这三个部分分别进行创建,创建的顺序应为从下向上,即承台、台身和台帽。

在创建承台时,打开新建族模型,单击【公制常规模型】,即根据图 5-34 中承台结构尺寸绘制参照平面,应用拉伸命令即可完成承台部分模型的绘制,如图 5-35 所示。

图 5-35　桥台下承模型

随后,在上述承台模型的基础上进行台身模型的创建,绘制前应先分析台身的构造图,从图 5-34 可以看出台身部分是由顶部尺寸为(45＋50)cm 和底部为 240cm 的构造物拉伸后的三维模型,同时将Ⅰ—Ⅰ剖面图中顶宽为 50cm,底宽为 20cm 变化的台身部分进行空心处理,根据其尺寸变化的特点可将其分为两个部分:对于 50cm 对应的位置在Ⅰ—Ⅰ图中是等截面的,因此直接进行空心拉伸处理,即可获得此部分空心拉伸处理后台身部分的三维模型,如图 5-36 所示;对于顶宽为 50cm,底宽为 20cm 变化的部分应采用空心融合进行创建,空心融合时注意参考平面选取。这里定义两个参考平面:顶面和底面,如图 5-37 所示。

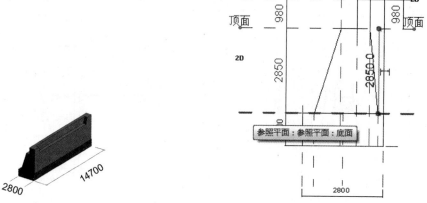

图 5-36 空心拉伸 50cm 处的桥台三维模型   图 5-37 前立面视图中的顶面和底面参照平面的设置

设置完成参照平面后,可在【创建】中的【空心形状】中选择【空心融合】命令,编辑底面尺寸为 20cm×985cm 的矩形轮廓,然后编辑顶面轮廓,在【工作平面】工具栏中选择【设置】命令,将视图切换到【顶面视图】中,在此视图的参照平面中编辑矩形轮廓的尺寸为 50cm×1240cm(1450−105−105=1240),绘制完成后,单击√完成空心融合形状的绘制。随后对台身进行混凝土材质的设置,根据之前介绍的材质添加的内容,完成混凝土材质的赋予,查看完成的三维效果,如图 5-38 所示。

最后是台帽的部分。此部分的尺寸是等截面的形式,因此直接应用拉伸命令即可实现等截面模型的创建。根据图 5-34 的尺寸绘制台帽的轮廓模型,然后进行拉伸处理,最后再把台帽和台身的等截面连接起来,即完成整个桥台部分三维模型的创建,如图 5-39 所示。

图 5-38 承台和台身三维模型效果图   图 5-39 桥台三维模型

5.3.2 肋板式桥台

肋板式桥台是一种柔性的楼板桥平台,底层设有土工隔层的桥台形式。这里以肋板式桥台为例介绍 BIM 建模过程,肋板式桥台图纸如图 5-40 所示。

首先分析图纸,确定建模方法。从图 5-40 可以看出肋板式桥台可以分成三部分进行族模型的绘制。

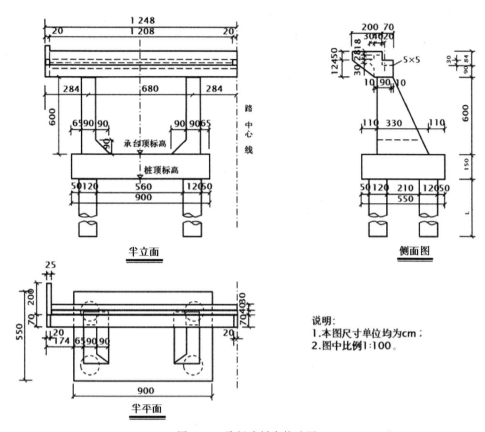

图 5-40　肋板式桥台构造图

第一部分是从下方承台开始绘制，由图中可知承台为立方体，直接拉伸即可实现，通过绘制长为 9000mm、宽为 5500mm 的长方形（图 5-41(a)），拉伸高度为 1500mm，即可完成承台三维模型的绘制，如图 5-41(b) 所示。

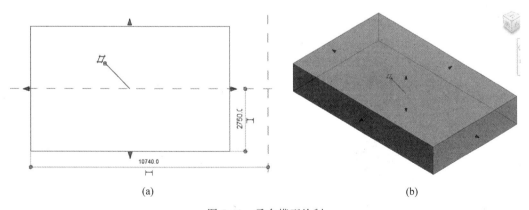

(a)　　　　　　　　　　　　　　　　(b)

图 5-41　承台模型绘制

(a) 拉伸轮廓绘制；(b) 三维模型显示

第二部分是肋板。根据图 5-40 的侧面图可知，肋板的侧面为梯形断面，其为上顶边长为 900mm、下底边长为 3300mm、高为 6000mm 的直角梯形，在绘制肋板模型时，可选择立面视图中的左立面绘制梯形断面,并将此梯形断面拉伸,拉伸厚度应为 900mm,并根据图纸确定肋板构造图中的位置。在肋板构造图中的半立面视图还存在坡脚,此坡脚的绘制也可采用拉伸命令,拉伸应在前立面视图中进行:绘制半立面视图中的直角三角形,两条直角边均为 900mm,拉伸长度可在左立面视图中进行调整,如图 5-42(a)所示。

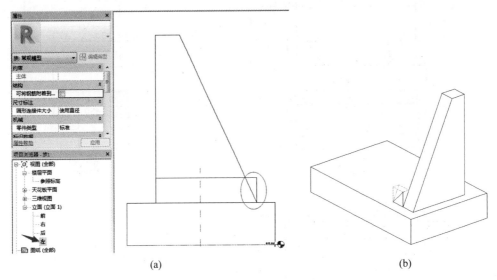

(a)　　　　　　　　　　　　　　　　　(b)

图 5-42　肋板部件的绘制与剪切

(a) 肋板坡脚拉伸;(b) 肋板坡脚空心拉伸

从图 5-42(a)可以看到圆圈中的三角形是多余的部分,应将此部分切割掉,可以采用空心拉伸的方式实现,如图 5-42(b)所示。如果执行空心拉伸命令后,图中仍未切割掉此部分,可以选择【修改】选项板中【几何图形】-【剪切】,即可显示出切除后的效果。然后将绘制完成的图形连接,然后镜像,即完成肋板部分模型的绘制,如图 5-43 所示。

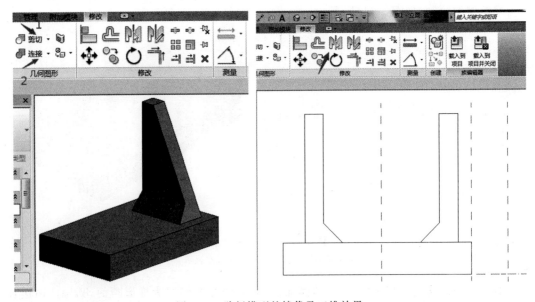

图 5-43　肋板模型的镜像及三维效果

　　第三部分是台帽部分。从图 5-40 中可见桥台上部台帽包括耳墙、背墙、牛腿和防震挡块四部分。从侧面图中可看出耳墙的轮廓,从半平面图中可以看出耳墙的厚度,在左立面视图中绘制侧面图中耳墙轮廓,然后拉伸,在【参照平面】视图中确定耳墙位置,如图 5-44 所示。然后绘制背墙和牛腿部分,绘制方法与耳墙一致,其拉伸厚度和位置也是通过半平面图来确定,如图 5-45 所示。最后是防震挡块部分,其尺寸和位置通过查看半立面图和半平面图来确定,挡块也可通过左立面视图绘制轮廓拉伸(图 5-46(a)),通过半立面和半平面调整位置(图 5-46(b)),绘制完成后将图形进行连接,其效果如图 5-46(c)所示。

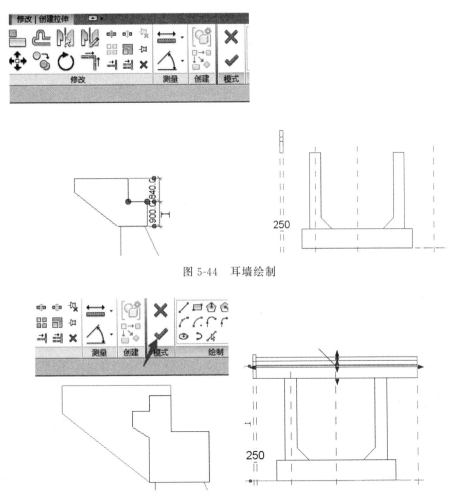

图 5-44　耳墙绘制

图 5-45　背墙和牛腿绘制

5.3.3　重力式桥墩

　　重力式桥墩又称实体桥墩,是实体的圬工墩,主要靠自身的重力来平衡外力,从而保证桥墩的强度和稳定性。重力式桥墩图纸如图 5-47 所示。

　　此重力式桥墩可采用体量建族的方式来实现,本节主要介绍重力式桥墩的体量建模过程。此桥墩由两部分组成,一部分为墩身,另一部分为墩帽。因此建模时,应对这两部分分别进行建模。

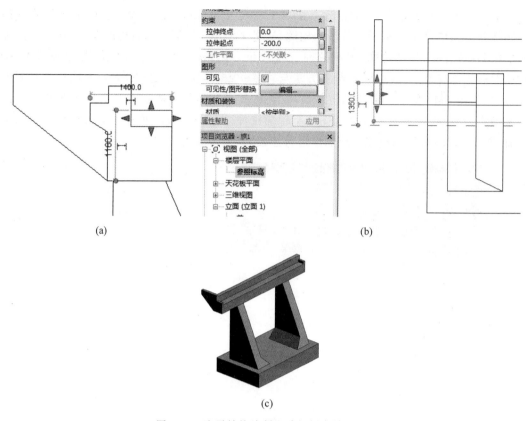

图 5-46　防震挡块绘制和肋板桥台效果图

（a）挡块拉伸；（b）挡块位置调整；（c）三维显示

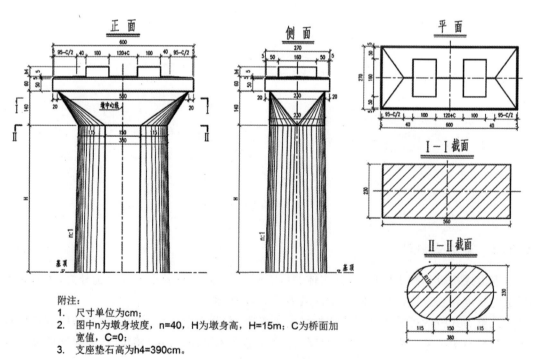

附注：
1. 尺寸单位为cm；
2. 图中n为墩身坡度，n=40，H为墩身高，H=15m；C为桥面加宽值，C=0；
3. 支座垫石高为h4=390cm。

图 5-47　重力式桥墩图纸

　　首先打开【新建概念体量】-【公制体量】。根据图纸创建【标高 2】和【标高 3】,以便根据墩身不同的轮廓形式分别绘制墩身,然后分别选择【标高 2】和【标高 3】。如在【项目浏览器】中显示【标高 2】和【标高 3】,应在【视图选项卡】中创建楼层平面,将【标高 2】和【标高 3】添加到【项目浏览器】中,添加方式及【标高 1】【标高 2】和【标高 3】的位置如图 5-48(a)所示。先绘制标高 1 和标高 2 之间的墩身:分别切换到【标高 1】和【标高 2】视图中绘制墩身底面轮廓和图 5-47 中 Ⅱ—Ⅱ 截面墩身轮廓形式,标高 1 的圆端形尺寸应根据坡度计算获得,其长轴长度为 4550mm,短轴长度为 3050mm,标高 2 的圆端形的尺寸可根据图纸尺寸读取,轮廓如图 5-48(b)所示。绘制完成后选择两个轮廓生成三维实体即可,墩身三维效果如图 5-48(c)所示。

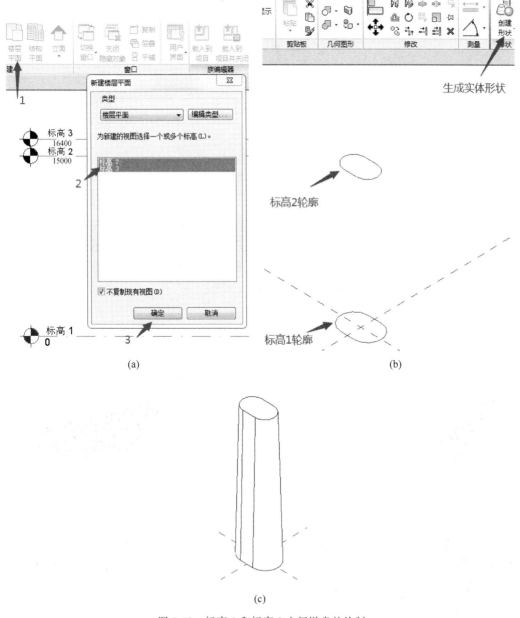

图 5-48　标高 1 和标高 2 之间墩身的绘制

(a) 楼层平面添加;(b) 墩身轮廓;(c) 墩身三维效果

标高 2 和标高 3 之间墩身的绘制应采用融合的方式,标高 2 的轮廓应重新绘制,这里需要注意绘制圆端形时应增加长轴部分两个端点,而标高 3 的轮廓应根据Ⅰ—Ⅰ截面的矩形进行绘制,绘制完成后选择生成实体形状,即可完成此部分墩身的绘制,如图 5-49(a)所示。图 5-49(a)中 a—b 点缺少连接边线,这里可以选中图形,单击【形状图元】-【透视】命令,【增加边】将 a—b 两点连接,如图 5-49(b)所示,同理另一侧也是采用同样方式,完成后的墩身与图纸形式一致,如图 5-49(c)所示。

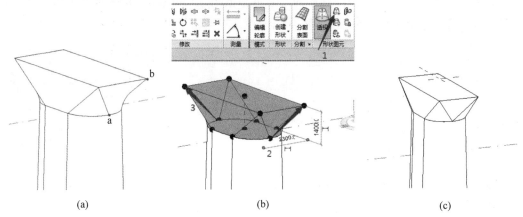

图 5-49　标高 2 和标高 3 之间墩身的绘制
(a) 融合墩身轮廓;(b) 连接 a—b 两点边线;(c) 三维效果

随后是墩帽部分的绘制。墩帽部分由四块组成,第一部分是高为 500mm 的立方体,可在标高 3 上绘制长为 6000mm、宽为 2700mm 的长方形,生成立方体形状,如图 5-50(a)所示。第二部分是四棱台,其绘制需要创建标高 4 和标高 5,在标高 4 上绘制标高 3 上的长方形,在标高 5 上绘制长为 5900mm、宽为 2600mm 的长方形,然后生成四棱台形状即可,如图 5-50(b)所示。

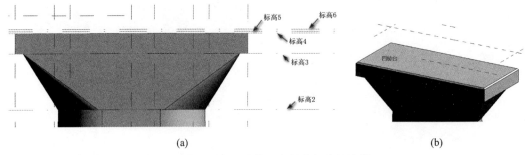

图 5-50　墩帽立方体和四棱台部分的绘制
(a) 标高 3-标高 4 立方体;(b) 标高 4-标高 5 四棱台

第三部分是图 5-47 中的平面图形状,这里可以采用体量特有的性质来进行绘制。在标高 5 绘制轮廓为 5900mm×2600mm 的长方形,这里注意长方形要增加两侧角点,如图 5-51(a)所示,生成长方体后调整高度至标高 6,选择标高 6 断面中的角点 1,调整至标高 5 的位置,同样对称调整角点 2 的位置,如图 5-51(b)所示,将图中标高 6 处的 A、B、C、D 四个角点删除,即可得到与图纸相对应的平面图。

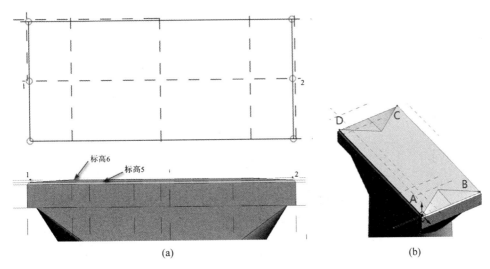

图 5-51　墩帽坡度部分的绘制

（a）长方形角点调整；（b）调整后效果

　　第四部分为支座垫石。根据图纸的正面图和侧面图可知，支座垫石即为立方体，放置到图中相应位置即可，这里不再赘述，绘制时需注意在标高 5 的工作平面上进行绘制，绘制完成的效果如图 5-52 所示。

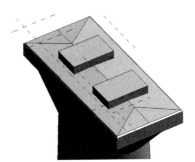

图 5-52　支座垫石部分的绘制效果

5.3.4　柱式桥墩

　　柱式桥墩图纸见图 5-53。可以看出墩柱部分即为圆柱，可应用拉伸命令实现。复杂的部分是墩帽，从立面图可以看出墩帽部分形状不标准，但其侧面图中的尺寸变化是单一的，因此在绘制不规则的底面线后，可将其作为拉伸轮廓再创建，即可生成三维桥墩族模型。

　　首先创建墩柱模型：新建【公制常规模型】，单击【参照平面】，确定每根墩柱对应位置的参照平面，如图 5-54 所示。

　　然后应用拉伸命令，在参照平面对应位置绘制直径为 80cm 的圆，并对圆进行拉伸，完成 1 根墩柱的绘制，如图 5-55 所示。

　　此时完成的拉伸长度并未定义，需要切换至立面视图进行操作，对已创建的圆柱执行复制命令生成新的圆柱再修改其长度，因此，这里选择复制命令，在对应的轴线交点处创建其他几个圆柱。然后切换至立面视图中的前立面查看拉伸构件，如图 5-56 所示。可以看出，

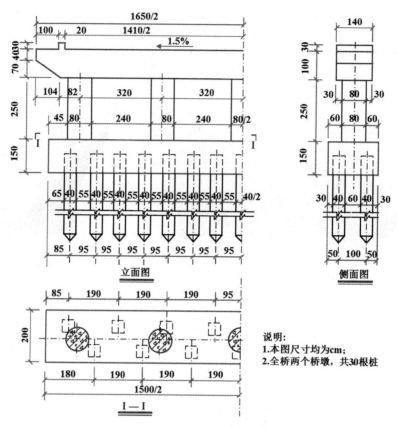

图 5-53　柱式桥墩参考图

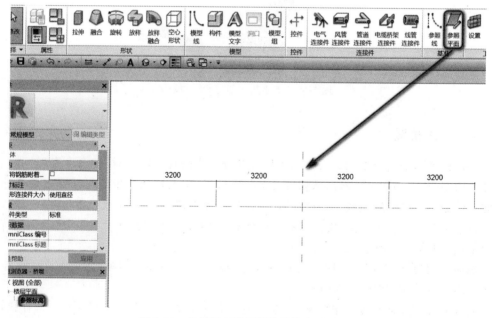

图 5-54　参照标高视图下的墩柱参照平面

图 5-55 绘制拉伸墩柱

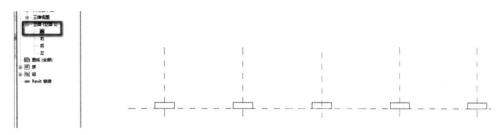

图 5-56 前立面视图中的墩柱界面

创建后的拉伸构件都在参照标高的位置,为了方便后期加载到项目中,这里可将参照标高作为盖梁底面标高,因此根据图 5-53 的尺寸对墩柱进行相应的拉伸,拉伸后的效果见图 5-57,图中拖动对应墩柱上下的小三角即可实现墩柱长度方向的伸缩,将其拉伸至对应的参照平面位置即可,其他墩柱模型也是按照此方法建立。

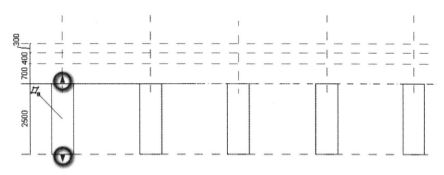

图 5-57 拉伸后的墩柱模型

随后在墩柱顶面创建盖梁模型。首先绘制盖梁的横向参照平面和纵向参照平面(图 5-58),随后即可应用拉伸命令绘制盖梁模型。执行拉伸命令,绘制盖梁轮廓线,如图 5-59 所示,绘制完成后结束拉伸命令,即完成盖梁部分的初步三维模型。还需在其他立面图中修改盖梁的厚度:打开左立面视图(图 5-60),参考图 5-53 侧面图中盖梁的尺寸,先绘制参照平面,然后将盖梁在厚度方向拉伸至规定位置处,完成盖梁模型的制作,见图 5-61。在绘制完成的桥墩模型上,应用前述添加材质的方法为桥墩赋予混凝土的材质,此时柱式桥墩 BIM 建模全部完成,可以查看其三维模型,见图 5-62。

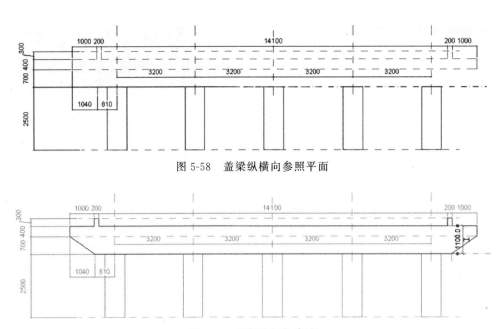

图 5-58　盖梁纵横向参照平面

图 5-59　绘制盖梁轮廓线

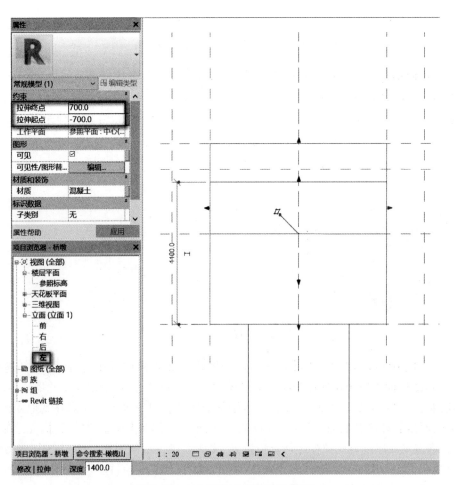

图 5-60　左立面视图中的盖梁模型

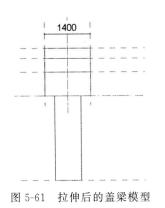

图 5-61　拉伸后的盖梁模型

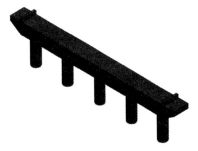

图 5-62　桥墩三维模型浏览

5.3.5　异形桥墩

本节以城市桥梁建设中常见的花瓶墩为例,介绍异形桥墩构建过程,桥墩图纸如图 5-63 所示。图中的桥墩为曲线形式,且中间挖空部分使用普通族模型创建不易实现,因此采用概念体量进行创建。

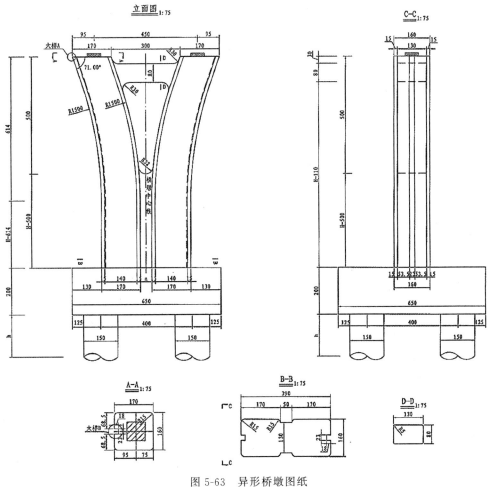

图 5-63　异形桥墩图纸

根据图 5-63 桥墩的形式,应用体量形状创建中的放样融合进行创建,需要定义三个轮廓,因此将桥墩模型分成三个部分,第一部分为实体模型,第二部分为空心模型,第三部分为实体模型,如图 5-64 所示。

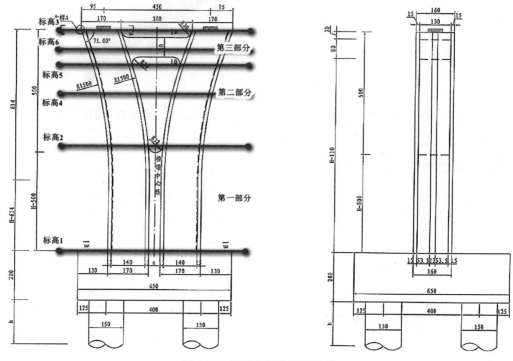

图 5-64　图形分割及标高设置

根据图 5-64 的分析,首先进行标高的创建,切换到立面视图中的北立面,在此视图下分别复制距离标高 1 为 5000mm 和 10 000mm 的标高 2 和标高 3。标高 2 和标高 3 在楼层平面视图中显示的操作方法参考前述 5.3.3 节内容。然后将视图切换到标高 1 视图下,绘制底部轮廓,如图 5-65 所示。

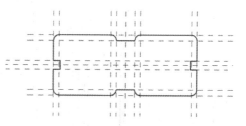

图 5-65　标高 1 处轮廓绘制完成的情况

然后将视图切换到标高 2,结合图 5-63 中桥墩的相关尺寸:标高 2 和标高 1 的轮廓完全一样,因此可以应用复制命令,将标高 1 视图复制到标高 2 中,完成第二个轮廓的绘制,然后切换到三维视图中,通过选取标高 1 和标高 2 中的轮廓,选择【创建】选项卡中的【实体形状】,完成标高 1 至标高 2 这段实体模型的创建,如图 5-66 所示。

由于标高 2 以上的视图存在曲线路径和轮廓的改变,因此需要在标高 2 和标高 3 之间增加标高 4、标高 5 和标高 6,见图 5-64。第二部分模型,需在标高 2、标高 4 和标高 5 上绘制相应的轮廓,轮廓绘制可参考图 5-63,绘制完成的轮廓,全选后选择【创建】选项卡中的【实体形状】,即生成三维效果,如图 5-67 所示。

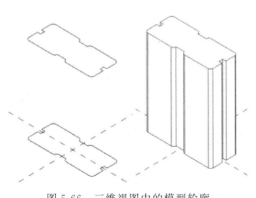
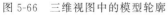

图 5-66 三维视图中的模型轮廓

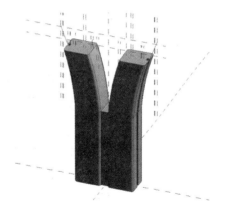

图 5-67 标高 1～标高 5 高度三维模型效果

采用融合命令绘制第三部分模型,在标高 5、标高 6 和标高 3 上绘制带横梁的轮廓,融合生成实体模型,如图 5-68 所示。

然后在此桥墩三维模型基础上进行第三部分模型即空心形状的创建,此部分建模方法与前述方法类似,不再赘述,最终完成整个桥墩模型的绘制,如图 5-69 所示。

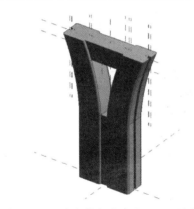

图 5-68 三个实体部分合成后的三维模型

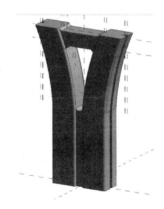

图 5-69 桥墩三维模型

5.4 桥梁主梁 BIM 模型

桥梁常见的主梁类型包括空心板梁、T 形梁、变截面箱形梁等,本节介绍这 3 种典型主梁类型的建模。

5.4.1 空心板梁

空心板梁大多是装配式空心板梁,由数块一定宽度的空心预制板组成,各板利用板间企口缝填充混凝土相连接。

图 5-70 给出相应中板断面、立面和平面图,中板的总宽为 124cm,总高为 55cm,总长为 996cm。根据边板断面和平面图,能够分析其立面图与中板类似,边板宽度为 162cm,高度

也是 55cm,长度也应为 996cm,还需在距板边 198cm 处的位置设置 φ14 泄水管预留孔以供泄水之用。胶缝大样图给出了一些细部尺寸及胶缝做法。

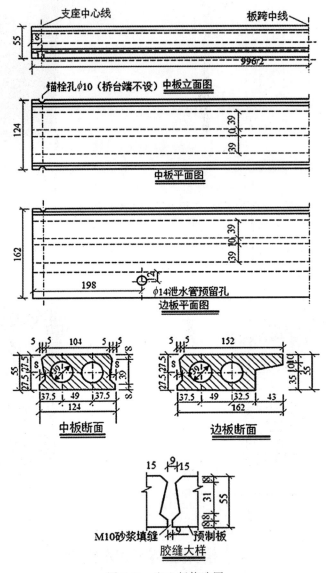

图 5-70　空心板构造图

根据边板的断面和平面,在【公制常规模型】中创建边板族模型,并添加混凝土材质,在绘制时可以采用拉伸命令创建,执行空心拉伸命令,并在对应位置添加锚栓孔和泄水管,绘制完成边板的三维模型如图 5-71 所示。需要注意,在执行泄水管空心拉伸命令时,如未出现剪切后的模型,需要执行【修改工具】栏选项中的【几何图形】-【剪切几何图形】命令,根据提示操作,即可获得目标空心板三维模型,并赋予相应的预制混凝土材质。

中板三维模型根据图 5-70 中的尺寸进行中板的绘制,方法与边板一致,主要区别是参照平面位置上的差异。绘制完成的三维模型如图 5-72 所示。

图 5-71　边板三维模型

图 5-72　中板三维模型

5.4.2　T 形梁

　　T 形梁构造图图纸如图 5-73 所示。首先熟悉图纸,根据图纸可知 T 形梁结构的绘制应分成跨中断面和支点断面两部分,两个断面形式存在差异,由 T 形梁构造立面图可知,跨中断面的长度应为((7250−4500)+7200×2+(7250−4500))mm,而在 3500mm 范围内 T 形梁由跨中断面形式向支点断面进行转换,因此此段应采用放样融合来实现。而到了支点断面,也就是长度为 1000mm 范围内,由支点断面沿路径拉伸即可实现,其具体操作过程如图 5-74 所示,绘制完成后单击连接即可。

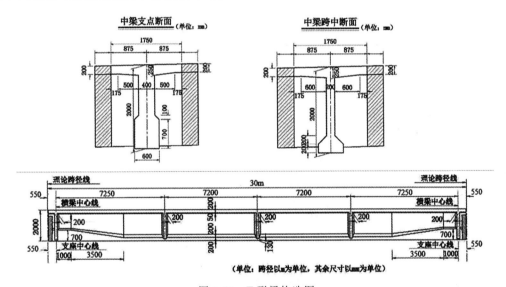

图 5-73　T 形梁构造图

　　然后进行横隔板的绘制,横隔板的形式比较特殊,是从根部到端部渐变的截面,这里的处理方式是先在前立面视图中绘制一侧的横隔板,按图 5-73 中横隔板厚度进行拉伸,然后切换到参照平面视图中,对多余的部分执行空心拉伸命令,完成空心拉伸后,将立面视图中绘制完成的横隔板复制到相应位置,即完成 T 形梁的创建,如图 5-75 所示。

5.4.3　箱形梁

　　桥梁中的变截面箱形梁的应用较多,本节以变截面箱形梁为例介绍建模过程。桥梁主跨长度为 90m,边跨 45m,桥梁全长为 45m+90m+45m=180m,变截面箱形梁跨中截面图纸见图 5-76。

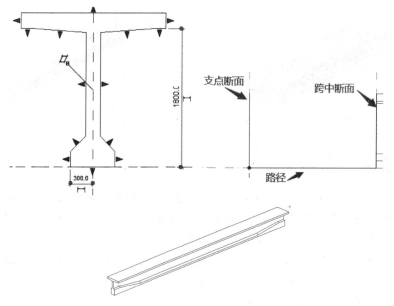

图 5-74　T 形梁跨中及支点段的绘制

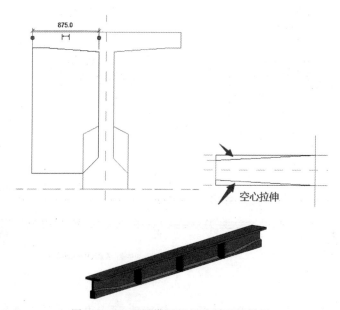

图 5-75　T 形梁横隔板的绘制及效果图

创建变截面箱形梁,首先需要确定梁高和跨中的函数关系。由于变截面连续箱形梁是关于跨中对称的结构,因此只需创建一半跨中至支座部分的截面,创建完成后应用镜像工具,即可生成连续对称桥跨结构。分析图 5-76 中截面的尺寸和跨长尺寸,跨中截面梁高为 200cm,下翼缘厚度为 25cm,支座截

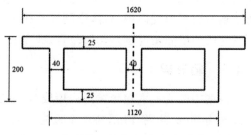

图 5-76　箱形截面梁跨中截面图(单位:cm)

面梁高为 450cm,对应的下翼缘厚度为 60cm,由此可以确定梁高 H 与距离跨中长度 L 的函数关系应为 $H=2000+L^2/810\,000$。应注意单位不一致的问题,公式中的参数尺寸单位均应换算成 mm 进行计算。

由于箱形梁内部是空心,所以需要将实体箱形梁模型进行空心处理,空心部分的截面形式为矩形,因此对于箱形截面需要创建两种轮廓族,即实体箱形截面轮廓族和空心矩形截面轮廓族。然后在【公制常规模型】中将二者结合才能生成目标箱形截面,因此矩形轮廓族中矩形高度 HX 与距离跨中长度 L 的函数关系应为 $HX=1550+L^2/941\,860$。

此变截面连续箱形梁的创建方法应为分段放样融合,依次指定梁段两端的截面。每一段梁两端截面实际上是直线过渡的。每一个节点的梁高是通过函数关系计算得到的,应该视为精确值。梁段的中间都是直线过渡。

绘制的主要步骤如下:

第一步:设计箱形截面和空心截面的【公制轮廓族】,制定参数及函数关系;

第二步:新建【公制常规模型】,载入箱形和矩形轮廓族;

第三步:分段融合放样,设置梁长参数 L,生成变截面的几何模型;

第四步:镜像,生成对称箱形梁模型。

根据绘制步骤先进行箱形截面的【公制轮廓族】的创建,设计截面,绘制典型箱形截面的几何模型,并将几何模型的尺寸参数化,便于修改,建成后保存轮廓族。

根据图 5-76 创建箱形截面轮廓族,如图 5-77 所示。

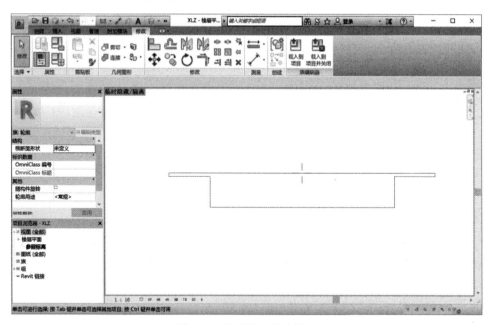

图 5-77　箱形截面轮廓模型

箱形梁轮廓绘制完成后,进行尺寸标注的添加,完成尺寸标注参数化的设置,这里定制参数如下:

参数一:梁高,H;

参数二:上翼缘厚度,H_f;

参数三：梁顶宽，B；

参数四：梁底面宽，BW；

参数五：梁跨度，L。

以梁高尺寸标注的参数化设置为例，选择梁高尺寸标注，单击【标签尺寸标注】工具栏中的【创建参数】命令，打开【参数属性】对话框，如图 5-78 所示。

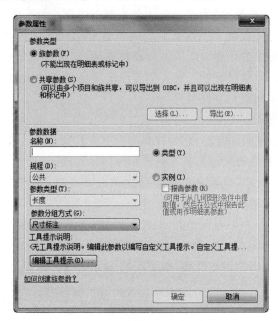

图 5-78　【参数属性】对话框

在进行参数设置之前，先了解一下类型参数与实例参数的区别：类型参数是与族类型相关的，同一类型的族所共有的参数为类型参数，一旦类型参数的值被修改，则项目中所有该类型的族个体都相应改变。例如，有一个板族，其宽度和高度都是使用类型参数进行定义，宽度类型参数为 1000mm，高度类型参数为 1500mm，在项目中使用了 3 个这样尺寸参数的板族。如果把该板族的宽度类型参数从 1000mm 改为 1500mm，则项目中这 3 个板的宽度同时都改为 1500mm 了。仅影响个体，不影响同类型其他实例的参数称为实例参数。仍以板族为例，当板所在梁高度的参数类型是实例参数时，当其中一个板的梁高度从原来的 900mm 改为 450mm 时，其他板的梁高度保持不变。所以，在规划族参数时，要考虑族参数的用途，以便决定是采用类型参数还是实例参数。以板族为例，通常相同的尺寸都可归为同一类型，所以板的宽度和高度一般采用类型参数。但梁的高度则用实例参数更为合适，因为同一个尺寸规格的板，其所在梁的高度可能不一样，如果把梁的高度也使用类型参数控制，那么一旦项目中有任何一个同尺寸规格类型的板所在梁的高度有变化，就必须多产生一个类型出来，这显然不是希望的结果。因此，梁的高度使用实例参数就比使用类型参数更符合需求。

根据上述分析再定义尺寸标注时，此箱形梁族的创建为一类箱形梁族，因此箱形梁的参数化设计都采用类型参数，依次对梁高、梁宽等参数进行定义，如图 5-79 所示。

选择【属性】工具板中的【族类型】命令，进行梁高和梁跨函数关系的设置，如图 5-80 所示。设置完成之后单击【确定】按钮，并将箱形截面轮廓族命名后保存，以便之后调用。

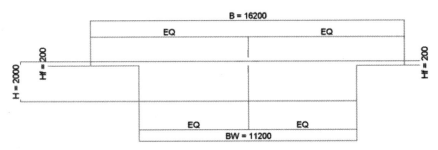

图 5-79　箱形截面轮廓尺寸标注参数化结果

参数	值	公式	锁定
尺寸标注			
B	16200.0	=	
L	0.0	=	
BW	11200.0	=	
H	2000.0	=2000 mm + L * L / 810000 mm	
Hf	200.0	=	
标识数据			

类型名称(Y)：

搜索参数

如何管理族类型？　　　　　管理查找表格(G)　　确定　取消　应用(A)

图 5-80　族类型命令中梁高与梁跨函数关系的设置

　　根据上述过程创建空心矩形轮廓族,设计的尺寸参数化结果如图 5-81 所示。在族类型属性中设置空心矩形轮廓族高度 HX 与梁高函数关系,如图 5-82 所示。设置完成后命名保存空心矩形轮廓族,以便后续进行变截面箱形梁族的创建。

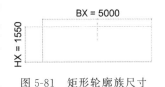

图 5-81　矩形轮廓族尺寸标注参数化设置

　　参数设计完成后,即进行箱形梁模型的绘制。新建【公制常规模型】,并将上述箱形梁截面和空心矩形截面公制轮廓族载入公制常规模型中,在项目浏览器中找到之前创建的轮廓族,通过单击右键的方式新建 0～9 箱形梁轮廓族和矩形空心轮廓族,见图 5-83。

　　双击后在【类型属性】对话框中修改设定 L＝0,5,10,15,20,…,45m 处的截面轮廓,如图 5-84 所示。参数修改完成后执行放样融合命令进行分段轮廓模型的创建。通过分段绘制路径,选择对应前后轮廓,完成各个阶段模型创建,如图 5-85 所示。

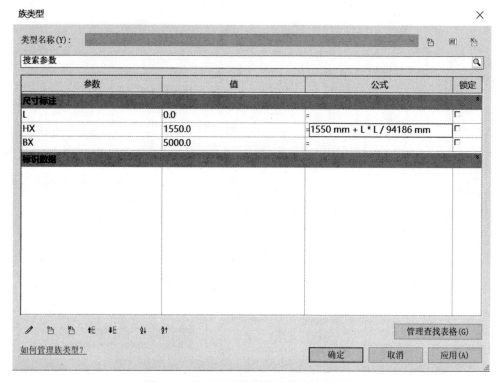

图 5-82　空心矩形轮廓族函数关系的设置

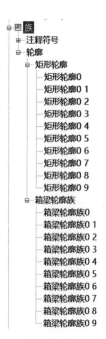

图 5-83　项目浏览器中的轮廓族

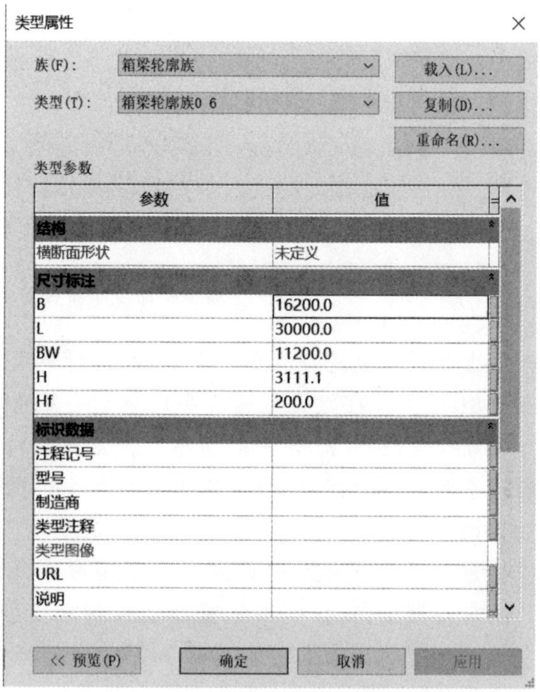

图 5-84　修改类型属性中的参数值

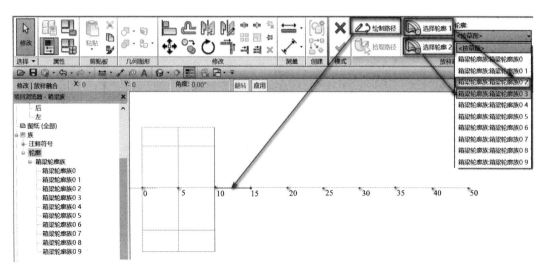

图 5-85　分段放样融合轮廓模型

　　然后再应用【创建】面板中的【空心放样融合】命令,进行矩形轮廓族模型的添加,如图 5-86 所示。

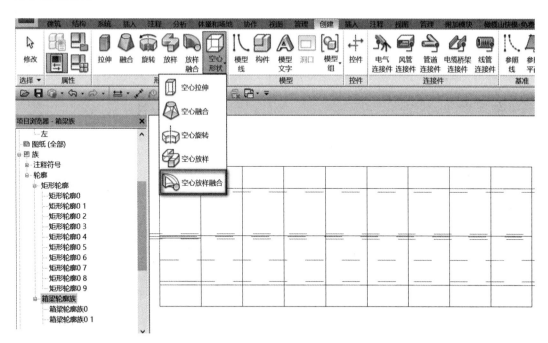

图 5-86　空心放样矩形轮廓族

　　完成后镜像绘制另一半,应用三维功能查看箱形梁的模型,如图 5-87 所示。

　　根据前述添加材质的方法,对箱形梁进行材质的添加,即完成变截面箱形梁的绘制。

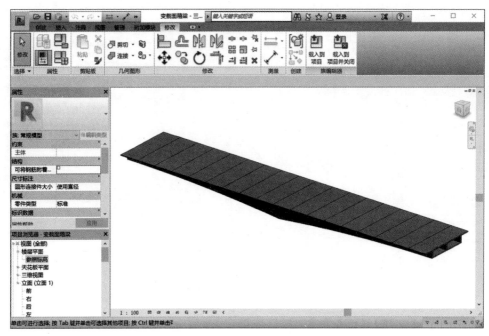

图 5-87　箱形梁三维模型

5.5　典型案例

5.5.1　斜拉桥 BIM 模型

本节以常见斜拉桥形式为例介绍斜拉桥的 BIM 建模过程,斜拉桥图纸如图 5-88 所示。图中的斜拉桥要求使用构件集方式创建,因此采用族的公制常规模型进行创建。

首先分析图纸,由图 5-88 可知此斜拉桥为双塔双索面斜拉桥,在绘制时,可先绘制塔柱、主梁及斜拉索三部分。在 Revit 中单击【新建族】-【公制常规模型】开始分别对三部分构件进行建模。

1. 塔柱

根据图纸可知塔柱部分主要包括基础和索塔。基础部分是简单的立方体,比较简单,直接拉伸即可完成建模,拉伸平面长宽分别为 15 000mm 和 10 000mm 的长方形,拉伸厚度为 4000mm,如图 5-89(a)所示,三维效果如图 5-89(b)所示。

然后根据图 5-88 绘制索塔,图中索塔被主梁分割成上下两部分,这里先绘制与基础连接的下塔柱,根据图纸三视图,同样可以采用拉伸命令实现,如图 5-90(a)所示,随后切换到前立面视图调整其下塔柱的位置,如图 5-90(b)所示。

上塔柱部分在绘制完成主梁后再进行绘制。

2. 主梁

主梁的绘制也可采用拉伸工具实现。先切换到右立面视图,根据图纸绘制主梁断面的

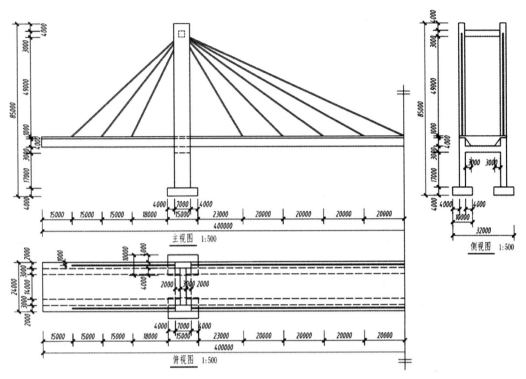

图 5-88　斜拉桥图纸

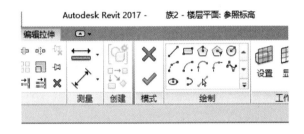

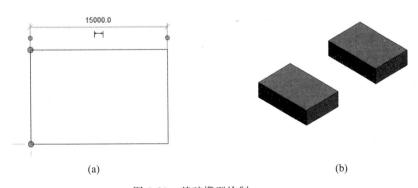

(a)　　　　　　　　　　　　(b)

图 5-89　基础模型绘制

（a）基础轮廓；（b）三维效果

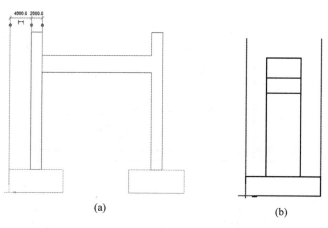

图 5-90　下塔柱绘制

（a）塔柱拉伸轮廓；（b）塔柱前立面

形式,然后再进行拉伸。在前立面视图中调整拉伸长度,可采用绘制辅助线的形式确定主梁的拉伸长度,也可通过【属性】选项卡中的【拉伸起终点】调整长度,使用辅助线绘制确定拉伸长度,如图 5-91 所示。

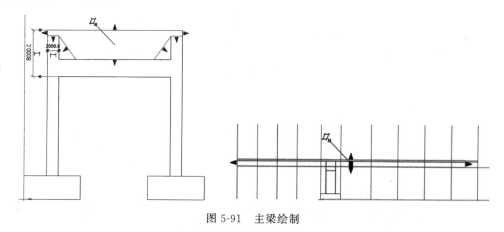

图 5-91　主梁绘制

　　箱形梁绘制完成后即可进行上塔柱部分模型的绘制,其绘制方法与下塔柱相同,直接拉伸即可得到上塔柱模型,如图 5-92 所示。

3. 斜拉索

　　切换到前立面视图,根据图纸要求在柱中心距顶端 5m 处绘制参照线,使用放样命令绘制斜拉索:根据图纸绘制放样路径(连接主梁和上塔柱的斜线),然后在路径上打开相应视图绘制直径为 250mm 的圆,即完成其中一个斜拉索的绘制,采用同样的方法绘制其他斜拉索,并在右立面视图中调

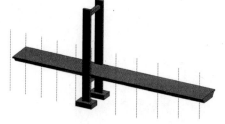

图 5-92　塔柱与主梁绘制完成的效果图

整其位置。然后再应用复制或镜像功能生成另外一侧斜拉索,如图 5-93 所示。

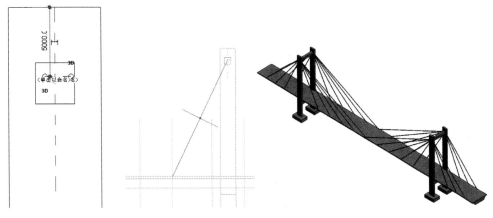

图 5-93　斜拉索及斜拉桥效果图

5.5.2　拱桥 BIM 模型

　　本节以常见拱桥形式为例介绍拱桥 BIM 模型的构建过程,拱桥图纸如图 5-94 所示。此拱桥模型可采用体量形式创建,应用概念体量的【公制体量】进行创建。

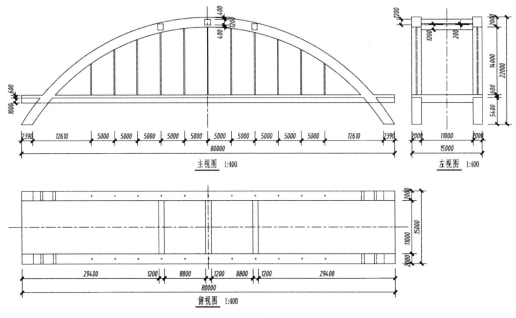

图 5-94　拱桥图纸

　　分析拱桥的基本组成和图纸,可知拱桥模型应分为拱圈、桥面板和吊杆三部分,因此模型绘制也分成这三个部分进行。

1. 拱圈

　　打开【项目浏览器】楼层平面中的【标高 1】,根据图纸俯视图绘制参照平面,然后切换到南立面视图,根据图纸主视图绘制拱圈轮廓,选中轮廓直接拉伸,即可生成拱圈形状,在标高

1 视图中调整拱圈宽度,并复制或镜像另一个拱圈,即完成拱圈部分的绘制,并采用同样的方法根据图纸进行拱圈横系梁的绘制,如图 5-95 所示。

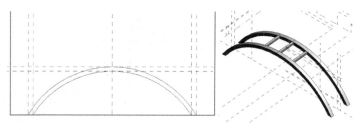

图 5-95　拱圈的绘制

2. 桥面板

桥面板的绘制采用拉伸实体命令即可实现。切换到西立面,创建对应参照平面,绘制桥面板轮廓并创建实心模型,进入标高 1 将桥面板调整至对应位置(图 5-96)。

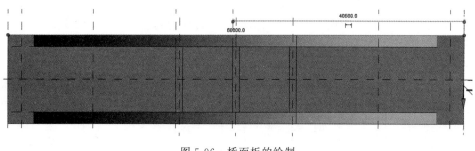

图 5-96　桥面板的绘制

3. 吊杆

直接拉伸即可绘制吊杆。切换至标高 1 平面,在拱桥中心绘制一个参照平面,并在相交点绘制吊杆轮廓,创建实心圆柱,直径为 200mm,切换至南立面,调整吊杆长度,按同样方法绘制其他吊杆,并将吊杆全部复制到另一侧,如图 5-97 所示。

之后可以更改各部分构件的材质,设置桥面和拱圈部分为混凝土材质,吊杆为钢材。

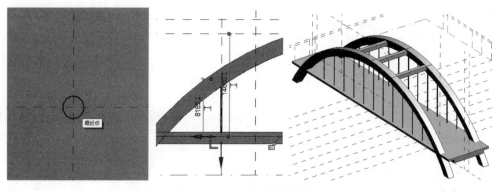

图 5-97　吊杆绘制及拱桥效果

5.6　图　纸　输　出

Revit 可以将不同的视图和明细表放置在同一张图纸中,形成施工图。除此以外,Revit 可以将形成的施工图导出为 CAD 格式文件,与其他软件进行信息交换。本模块主要讲述在 Revit 项目内创建施工图纸、图纸修订及版本控制、布置视图及视图设置,以及将 Revit 视图导出为 DWG 文件及导出 CAD 时图层设置等方法。

完成项目建模后,就可以布置图纸和打印图纸。图纸布置完成后,可直接打印图纸视图,也可将指定的视图或图纸导出为 CAD 格式,用于成果交换。

5.6.1　创建图纸与设置信息

在完成模型的创建后,需要新建施工图图纸,指定图纸使用的标题栏族,以及将所需的视图布置在相应标题栏的图纸中,最终生成项目的施工图图纸。

1. 创建图纸

在 rvt 文件中需要为各个视图添加尺寸标注、高程点、明细表等图纸中需要的项目信息,具体操作方法如下。

1) 尺寸标注

在【注释】选项卡中选择【尺寸标注】-【对齐】进行标高 1 视图中图形的尺寸标注,利用【尺寸标注】中的【对齐】和【线性】标注可以快速实现连续标注,如图 5-98 所示。

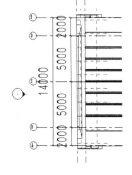

图 5-98　对齐与线性标注

2）高程点标注

高程点的标注形式如图 5-99 所示。

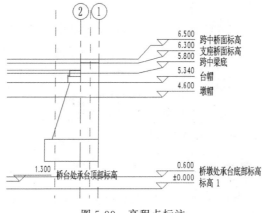

图 5-99　高程点标注

3）明细表添加

在【视图】选项卡单击【创建明细表】-【明细表/数量命令】，在【新建明细表】对话框中，打开【过滤器】对话框，选择【全部显示】，在【类别】对话框单击【常规模型】，其他参数均默认后单击【确定】按钮，如图 5-100 所示。在明细表【属性】对话框中可添加【族】和【体积】等字段，建立相应明细表。

图 5-100　明细表添加

2. 设置图纸信息

创建图纸之前需要进行基本设置，包括新建图纸、载入图纸、设置图纸信息。

1）新建图纸

切换至【视图】选项卡，单击【图纸组合】子选项卡中的【图纸】按钮，打开【新建图纸】对话框。单击【载入】按钮,打开【载入族】对话框,将【A0 公制. rfa】和【A1 公制. rfa】载入其中。
选择【选择标题栏】列表中的【A0 公制】选项,单击【确定】按钮,创建【A-109 未命名】图纸,如
图 5-101 所示。

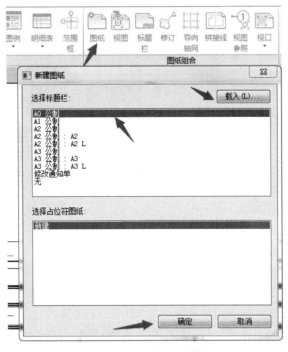

图 5-101　创建空白图纸

单击【图纸组合】子选项卡中的【视图】按钮,打开【视图】对话框,该对话框的列表中包括
项目可用的所有视图。在列表中选择【楼层平面:标高 1】视图,单击【在图纸中添加视图】按
钮,将光标指向图纸的空白区域并单击,放置该视图,局部放大视图的底部,查看图纸标题,
如图 5-102 所示。

图 5-102　【视图】对话框及查看图纸标题

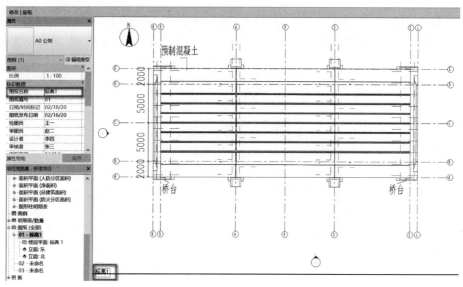

图 5-102 （续）

　　2）载入图纸和设置图纸信息

　　切换至【插入】主选项卡，单击【从库中载入】子选项卡中的【载入族】按钮，载入族文件【视图标题.raf】。选择图纸标题，单击【编辑类型】，打开【类型属性】对话框，复制类型为【某空心板桥-视图标题】，设置【标题】为视图标题，取消选中【显示延伸线】复选框，设置【线宽】为 2，【颜色】为【黑色】，单击【确定】按钮关闭对话框，如图 5-103（a）所示。选中图纸标题并将其移至适当位置。在【属性】选项板中设置【图纸上的标题】为【平面图】，单击【应用】按钮，如图 5-103（b）所示。

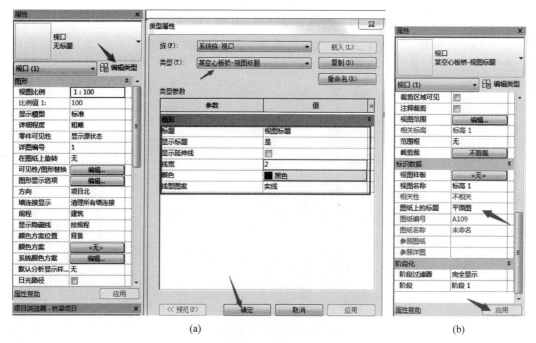

(a)　　　　　　　　　　　　　　　　　　　　　　　(b)

图 5-103　设置标题类型及更改图纸标题

(a)【类型属性】对话框；(b)【属性】选项板

切换至【注释】主选项卡,单击【符号】子选项卡中的【符号】按钮,在【修改/放置符号】选项板中选择【载入族】-【注释文件夹】-【选择符号】-【建筑】-【指北针 2】,在视图右上角的空白区域内单击,添加指北针。按两次 Esc 键退出放置状态,在不选中任何图元的情况下,在【属性】选项板中设置图纸的【审核者】【设计者】【审图员】和【图纸名称】,单击【应用】按钮,如图 5-104 所示。

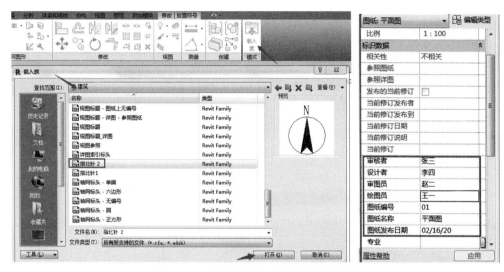

图 5-104　设置标题类型及更改图纸标题

按照上述方法,继续创建图纸并在图纸中放置视图。其中,一张图纸中既可以放置一个视图,也可以放置多个视图。技巧:除了通过单击【视图】按钮在【视图】对话框中选择视图进行放置外,还可以直接选中项目浏览器中的视图名称,将其拖动到空白图纸中完成图纸的放置,如图 5-105 所示。

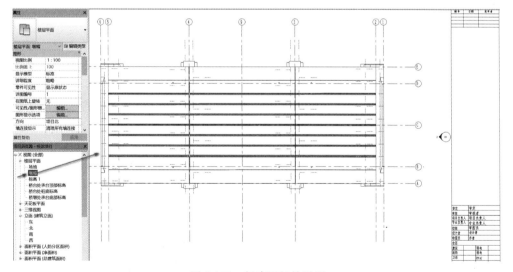

图 5-105　创建图纸效果图

当创建并布置完视图后,局部放大图纸右下角的区域,发现图纸的标题栏中除了需要填写【绘图员】和【审核员】等信息外,还需要填写项目的信息。在 Revit 中提供了用来记录项目信息的【项目信息】工具。切换至【管理】主选项卡,单击【设置】子选项卡中的【项目信息】按钮,打开【项目信息】对话框。在该对话框中,设置【其他】项中的相关参数,完成设置后,单击【确定】按钮关闭该对话框,图纸标题栏将被更改,如图 5-106 所示。在设置完成【项目信息】对话框中的参数后,除了当前视图中图纸的标题栏被更改外,其他视图中的图纸标题栏也会发生相同的更改。

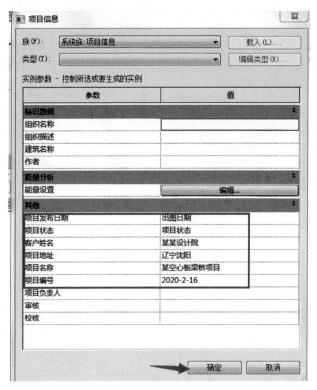

图 5-106　设置项目其他信息及图纸标题栏更改

5.6.2　图纸导出与打印

图纸布置完成后,除了能够将其导出为 DWG 格式的文件外,还能够将其打印成图纸,以供用户查看。

1. 图纸导出

在 Revit 中完成所有图纸的布置之后,可以将生成的文件导成 DWG 格式的 CAD 文件,供其他用户使用。

导出 DWG 格式的文件需要进行如下操作。首先要对 Revit 和 DWG 之间的映射格式进行设置,由于在 Revit 中是使用构件类别的方式管理对象的,在 DWG 图纸中是使用图层的方式管理对象的,因此必须在【修改 DWG/DXF 导出设置】对话框中对构件类别及 DWG 图纸中的图层进行映射设置。操作方法是:单击【应用程序菜单】按钮,在下拉菜单中选择【导出】-【选项】-【导出设置 DWG/DXF】命令,如图 5-107(a)所示,打开【修改 DWG/DXF 导出设置】对话框,如图 5-107(b)所示。

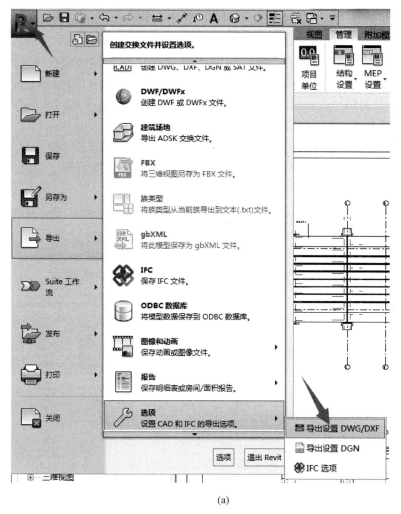

(a)

(b)

图 5-107　打开【修改 DWG/DXF 导出设置】对话框

（a）应用程序菜单；（b）【修改 DWG/DXF 导出设置】对话框

　　由于在 Revit 中是使用构件类别的方式管理对象的,在 DWG 图纸中是使用图层的方式管理对象的,因此必须在【修改 DWG/DXF 导出设置】对话框中对构件类别及 DWG 图纸中的图层进行映射设置。操作方法如下:单击对话框中的【新建导出设置】按钮,在弹出的【新的导出设置】对话框的【名称】文本框中输入名称。在【层】选项卡的【根据标准加载图层】下拉列表框中选择【从以下文件加载设置】选项,在打开的【导出设置】-【从标准载入图层】提示框中单击【是】按钮,打开【载入导出图层文件】对话框,在该对话框中选择指定文件夹中的 exportlayers-Revit-tangent. txt 文件,单击【打开】按钮,返回到【修改 DWG/DXF 导出设置】对话框,在该对话框中更改【投影】和【截面】参数值,如图 5-108 所示。其中,exportlayers-Revit-tangent. txt 文件中记录了从 Revit 类型转为天正格式的 DWG 图层的设置情况。

图 5-108　【修改 DWG/DXF 导出设置】对话框

　　注意:在【修改 DWG/DXF 导出设置】对话框中,还可以对【线】【填充图案】【文字和字体】【颜色】【实体】【单位和坐标】及【常规】选项卡中的选项进行设置,这里不再赘述。单击【确定】按钮,完成 DWG/DXF 的映射选项设置后,即可将图纸导出为 DWG 格式的文件。

　　以上操作步骤即为 Revit 建模后设置导出 DWG 文件的方法,接下来介绍在导出 DWG 文件过程中的一些相关设置。包括【选择导出设置】【选择要导出的视图和图纸】【导出】。单击【应用程序菜单】按钮,在弹出的下拉菜单中选择【导出】-【CAD 格式】-【DWG 命令】,如图 5-109(a)所示,打开【DWG 导出】对话框,在【选择导出设置】下拉列表框中选择刚刚设置的【设置 1】,在【导出】下拉列表框中选择【仅当前视图/图纸】,如图 5-109(b)所示。

　　在【DWG 导出】对话框中,单击【下一步】按钮,打开【导出 CAD 格式-保存到目标文件夹】对话框,如图 5-110(a)所示,选择保存能打开 DWG 格式的版本,取消选中【将图纸上的视图和链接作为外部参照导出】复选框,单击【确定】按钮,导出 DWG 格式文件。打开 DWG 格式文件所在的文件夹,双击其中的一个 DWG 格式文件即可在 AutoCAD 中将其打开,并进行查看和编辑,如图 5-110(b)所示。

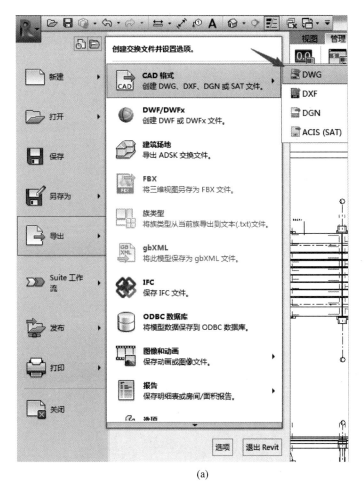

(a)

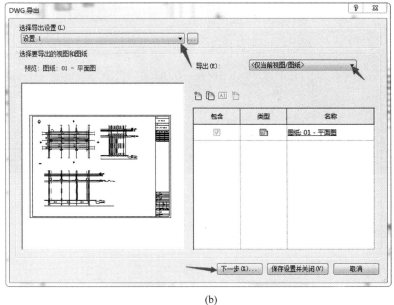

(b)

图 5-109　设置 DWG 导出

(a)【CAD 格式】打开；(b)【DWG 导出】对话框

(a)

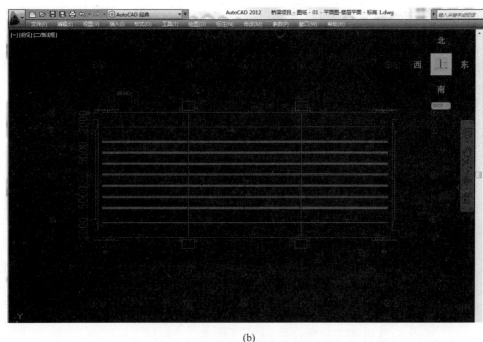

(b)

图 5-110　DWG 导出保存路径设置

（a）打开【导出 CAD 格式-保存到目标文件夹】；（b）打开 DWG 格式文件

2. 图纸的打印

1）打印情况设置

单击【应用程序菜单】按钮，在弹出的下拉菜单中选择【打印】命令，如图 5-111（a）所示，打开【打印】对话框，在【打印机】选项组中选择打印机，选中【文件】选项组中的【将多个所选视图/图纸合并到一个文件】单选按钮,选中【打印范围】选项组中的【当前窗口】单选按钮,如图 5-111(b)所示。

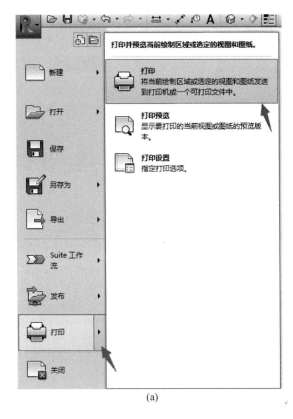

(a)

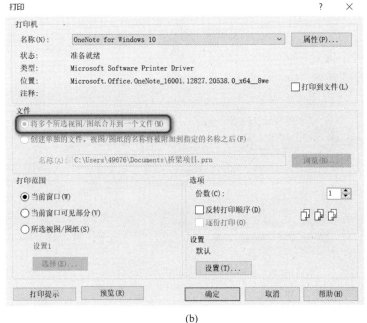

(b)

图 5-111　打印范围设置

(a)【打印】命令;(b)【打印】对话框

2)【打印范围】设置

单击【打印范围】选项组中的【选择】按钮,打开【视图/图纸集】对话框,取消选中【视图】复选框,选中【图纸】复选框,单击【另存为】按钮,在弹出的【新建】对话框中的【名称】文本框中输入【设置1】,单击【确定】按钮,返回到【视图/图纸集】对话框,如图 5-112(a)所示。

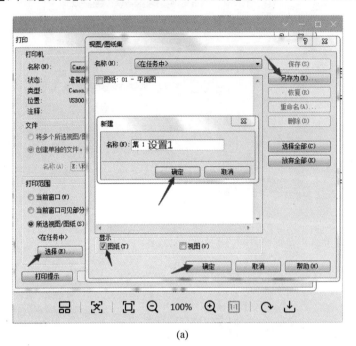

(a)

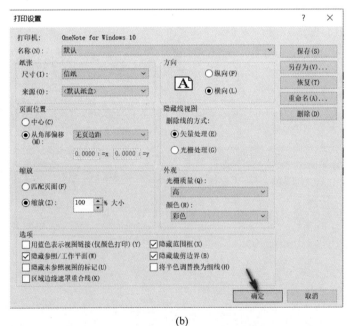

(b)

图 5-112 打印图纸设置

(a)【视图/图纸集】对话框;(b) 设置打印页面

3）打印图纸选择

　　单击【确定】按钮返回【打印】对话框，单击【设置】选项组中的【设置】按钮，打开【打印设置】对话框。在【纸张】选项组的【尺寸】下拉列表框中选择【信纸】，选中【页面位置】选项组中的【从角部偏移】单选按钮和【缩放】选项组中的【缩放】单选按钮，单击【保存】按钮，如图 5-112(b)所示。单击【确定】按钮即可打印。提示：使用 Revit 中的【打印】命令生成 PDF文件的过程与使用打印机打印的过程是一致的，这里不再阐述。

5.7　本章小结

　　本章从桥梁设计方面的 BIM 建模应用进行介绍，在介绍 BIM 技术基础知识、Revit 软件的操作界面及 Revit 的基本术语等内容的基础上，从桥梁基本构件组成出发，介绍了常见桥梁基础、墩台及主梁 BIM 模型的构建过程，并给出典型桥梁模型如斜拉桥、拱桥的建模过程，最后介绍了 CAD 图纸的创建、输出及打印。

第 6 章

BIM技术在桥梁工程施工阶段的应用

本章将介绍 BIM 技术在桥梁施工阶段的应用,施工阶段的具体应用范围与适用施工阶段的软件;介绍桥梁施工过程动态模拟的创建过程与方法;介绍桥梁施工机具的碰撞检查与移动路径检查;介绍桥梁工程量的统计方法;最后介绍桥梁施工进度管理的方法及 BIM 技术的优势。

6.1 引　言

BIM 技术的应用对桥梁施工建设阶段具有十分重要的意义,不仅推动了我国桥梁建筑业发展,也起到了对经济社会的有效促进作用。对于桥梁工程的施工而言,应用 BIM 技术存在多项优势,这些优势主要表现在以下几个方面:一是信息具有完整性。对于 BIM 技术来说,在桥梁工程施工过程中应用 BIM 技术,具有较为突出的信息完整性的优势,这种完整性主要体现在桥梁工程施工建设过程中,对每一个构件信息进行全面的分析以及了解,在具体的数据信息中,可以更好地为桥梁工程建设施工提供相应的辅助作用。二是模型的关联性。对于 BIM 技术来说,在桥梁工程建设中的应用也是表现出了比较理想的关联性的特点;同时通过 BIM 技术的信息模型,可以更好地将桥梁工程项目中的每一个构件间的关系和作用详细地体现出来;也可以更好地去保证有关人员根据关联性关系呈现出的效果进行合理的设计以及施工,更好保证最终的施工质量以及水平。三是模型的可视化优势。对于桥梁工程而言,应用 BIM 技术可以体现出较为理想的可视化效果,可以辅助设计和施工人员准确地掌握施工过程中的要点以及关键环节,保证工程的施工规范性,避免后续的施工存在人为因素方面的问题,最大限度地保证工程施工效果得到全面提高。

具体应用主要体现在以下几个方面。

1. 施工过程动态模拟

施工人员可根据桥梁的三维模型和拟定的施工方案,对桥梁的施工进度进行模拟与优化。一方面,可根据天数、周数和月数对工程建设进度进行模拟,并结合实际情况,实时调整,分析不同施工方案的优缺点,提出最佳施工方案。另一方面,对于施工难度较大的分项工程可进行详细模拟,如工程机械设备工作空间布置规划、物料供应计划、部件安装过程、物料运输堆载布局和其他施工工序优化。为确保施工进度,保证工程质量,通过应用 BIM 技术对施工方案进行反复模拟和修订,制定效率最高、成本最优的施工方案。通过 BIM 技术的可视化仿真模拟,不仅能优化施工方案、提高投资效率,而且能对一线操作人员进行可视化施工交底,防止因施工人员对项目理解不到位而产生施工质量的问题。

2．碰撞检查分析

BIM 软件可以检查 BIM 模型中定义的各种构件之间的碰撞问题,同时给出检查报告。对于桥梁工程 BIM 模型的碰撞检查主要应用于施工机具、各类钢筋的碰撞检查和桥梁桩基与地下构筑物的碰撞检查。BIM 模型的碰撞检查功能,能充分体现项目的协同工作特性,有效避免各专业之间的设计不同步或因盲目施工造成的经济损失。

3．工程量统计

传统桥梁工程量统计根据 CAD 图纸进行计算,计算量大且易出错,运用 BIM 技术可以迅速读取存储在 BIM 模型数据库中的桥梁工程全部信息,进而对各个构件进行工程量计算。基于 BIM 的工程量统计方法比传统的计算方法更加准确,运用 BIM 技术可以根据构件设计变化,随时调整工程量计算值,实时进行工程成本估算、工程预算和工程决算。

4．施工工序的优化

对于不同的施工工序而言,可以发挥出不同的效果。同时对于最终的施工质量以及进度也具有一定的关联性,所以需要重点优化施工的工序。对于这一点而言,BIM 技术应用可以针对不同的施工工序进行一定的模拟分析,也可以根据不同的施工工序做出对比验证,最终选择一个最为理想的施工工序。

5．施工进度管理

施工进度管理是在项目实施过程中,为保证项目在满足时间约束条件下达到总体目标,对各阶段进展程度和项目最终完成期限进行的管理。BIM 进度管理模型以建筑信息(施工图、水文地质资料及其他建筑信息)、方案设计(施工技术方案、施工组织设计、安全专项设计)和施工技术等信息数据库为基础,以 4D 数字模型为主体,创建可视化环境,对项目整体进度和阶段进度进行场景模拟和动态优化分析,实时调整施工顺序,完成施工建设资源合理配置,保证项目整体进度,并对工程项目的各个阶段进行实时跟踪。除此之外,还可以进行潜在风险评估,及时发现潜在危险,提高施工安全性。

Autodesk Navisworks 软件能够将 AutoCAD 和 Revit 系列等应用软件创建的设计数据,与来自其他设计工具的几何图形和信息相结合,将其作为整体的三维项目,通过多种文件格式进行实时审阅,而无需考虑文件的大小。Autodesk Navisworks 软件产品可以实现所有相关方,将项目作为一个整体来看待,从而优化设计决策、建筑实施、性能预测和规划直至设施管理和运营等各个环节。Autodesk Navisworks 软件能够精确地再现设计意图,制定准确的四维施工进度表,超前实现施工项目的可视化。在实际施工前,就可以在真实的环境中体验所设计的项目,更加全面地评估和验证所用材质和纹理是否符合设计意图。

6.2 桥梁施工过程动态模拟

桥梁施工过程动态模拟常用的软件是与 Revit 兼容性较好的 Navisworks 软件,其桥梁施工过程动态模拟包括对象动画创建、脚本动画创建及施工进度动画模拟创建。下面就从这三个方面进行介绍。

6.2.1 对象动画创建

对象动画的创建一般使用 Navisworks 中的 Animator 工具来实现,它能够为组合模型场景中的对象制作动画,也可以制作各种各样的动画,包括开门动画、围绕施工现场移动车辆或起重机动画、工业设备厂中机械组件、机器或生产线的动画形。

1. 对象动画的创建步骤

(1)创建场景;

(2)从"选择树"中选择相应的构件;

(3)选择相应的动画集,进行动画定义。

2. 创建案例

这里以某空心板桥项目为例进行对象动画的创建,介绍具体创建过程。

首先在 Navisworks 中导入 Revit 桥梁项目模型,在常用选项板中单击【项目】-【附加】命令,在【附加】对话框中选择要附加的 Revit 项目文件(后缀为 rvt 的模型文件),如图 6-1 所示。

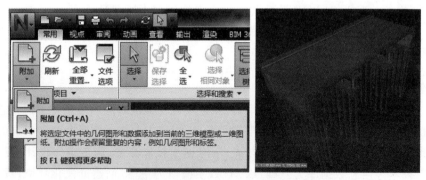

图 6-1　模型附加到 Navisworks 中

项目附加到 Navisworks 中后,可设置场景文件,导入文件后可在【视点】选项卡中单击【渲染样式】-【模式命令】-【着色模式】,同时可以更改着色中的黑色场景,方法为:单击绘图区域,选择【背景命令】,在【背景设置】对话框模式中选择【渐变】,确定后即完成场景设置,如图 6-2 所示。

场景设置完成后进行选择集的创建。在【常用】选项卡中选择【选择和搜索】命令中的【选择树】,弹出【集合】面板管理集和【选择树】对话框,在【选择树】对话框中可以调整【标准】【紧凑】【特性】三种模式,这里选择【特性】模式,在【Revit 类型】中点开【类型名称】里的【桥墩】,绘图区位置的桥墩会蓝显,将【选择树】中的桥墩用鼠标左键拖拽到【集合】窗口中,并单击鼠标右键完成桥墩的重命名,依次完成其他构件选择集的创建,如图 6-3 所示。

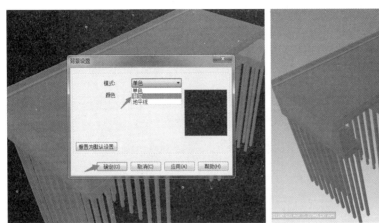

图 6-2　场景设置

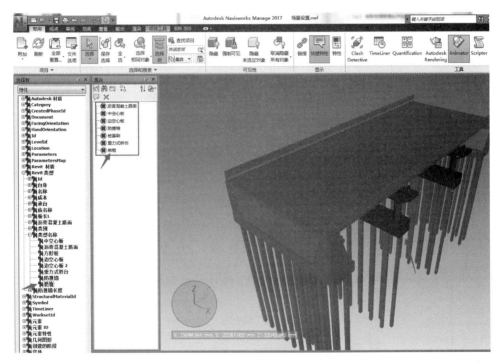

图 6-3　选择集的创建

　　按此方法将选择树中的所有桥梁构件选中后定义为【项目】,将【项目】拖拽到【集合】窗口中,并重命名为【全桥】。

　　选择集构建完成后即可进行对象动画创建。启动【常用】选项卡【工具】选项板中的 Animator 工具,调出 Animator 对话框。在 Animator 对话框中添加场景,创建动画【场景1】,重命名为【桩基础】。选择集合中【桩基础】,完成【桩基础】动画添加:用鼠标右键单击 Animator 对话框中的【桩基础】,单击【从当前选择】,激活动画集功能。这里主要设置【桩基础】增长动画,采用动画集中的【缩放动画集】命令,在 Animator 对话框底部设置缩放坐标,并将 Z 轴坐标值的数值 1 调整为 0.01,将图中桩基础压缩为较薄的构件,如图 6-4 所示。

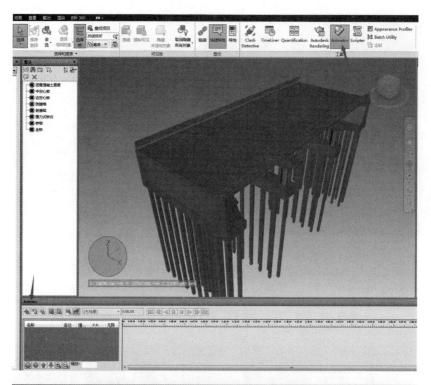

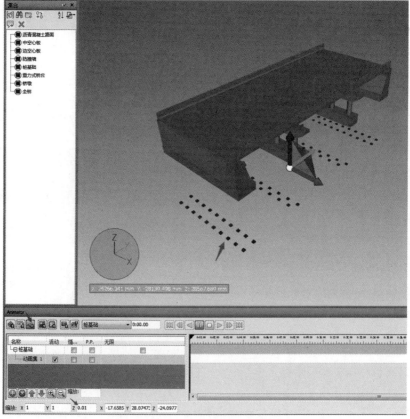

图 6-4　缩放动画集设置

　　在对象动画创建中,必须进行关键帧的设置。首先,单击【捕捉关键帧】命令,并将此状态设为【初始关键帧】,然后在【时间位置】命令中输入时间为 15s 位置,回车后作为时间轴,此时将 Z 轴坐标值调整为初始数值 1 捕捉此关键帧为最后关键帧。然后单击【停止】按钮,并对此对象动画进行预览。单击鼠标右键,启动【编辑】对话框,将终点关键帧 CZ 的数值调整为 0,同理将初始关键帧的 CZ 数值进行编辑。执行以上操作,播放动画即可完成桩基础的增长动画设置,如图 6-5 所示。

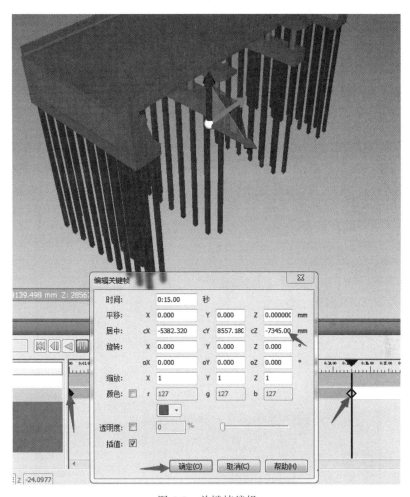

图 6-5　关键帧编辑

6.2.2　脚本动画创建

　　脚本是要在满足特定事件条件时,发生动作的集合。脚本可包含多个事件,事件是指发生的操作或情况(如单击鼠标、按键或碰撞),可确定脚本是否运行。

　　启动【常用】选项卡中【工具】命令中 Scripter 对话框,在 Scripter 对话框中添加新文件,并命名为桩基础动画,并在此文件夹下添加新脚本,并命名为桩基础增长,在【事件】命令中可设置动画触发方式,这里设置触发方式为按键触发,并在【特性】命令中设置 Z 键,触发事件为【按下键】,激活动画触发脚本,在【操作】命令中选择【播放动画】,在对应的【特性】对话框中,选中动画中的【动画 1】,将开始时间设置为【结束】,结束时间设置为【开始】,其他默认即可,由此可完成此动画脚本的创建,如图 6-6 所示。

图 6-6 动画脚本设置

脚本定义完成后,需进行脚本动画的启用。在动画选项卡中选择【脚本】-【启用脚本】,此时如果不能进行脚本编辑,在键盘上按下 Z 键,即可启用动画脚本,如图 6-7 所示。

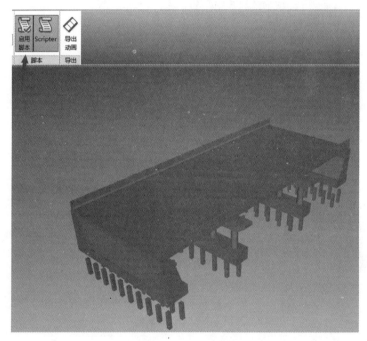

图 6-7 启用动画脚本

6.2.3 施工进度动画模拟创建

TimeLiner 工具可以向 Autodesk Navisworks Manage 中添加四维进度模拟。在 TimeLiner 中可以从各种来源导入进度,并使用模型中的对象链接进度中的任务以创建四维进度模拟,让工程师能够观察进度在模型上的效果,完成计划日期与实际日期的对比。TimeLiner 还能够基于模拟的结果导出图像和动画。如果模型或进度发生更改,TimeLiner 将自动更新模拟进度。TimeLiner 功能与其他 Autodesk Navisworks 工具可以结合使用:

通过将 TimeLiner 和对象动画链接在一起,确定项目任务的开始时间和持续时间触发对象移动并安排其进度,可以帮助工程师完成工作空间和过程的规划。

启动【常用】选项卡中的 TimeLiner 工具,包括以下内容:

【任务】选项卡:创建和管理项目任务;以表格形式列出所有任务;进行对象的关联;添加需要的列。

【数据源】选项卡:导入外部数据;数据源以列表显示。

【配置】选项卡:设置任务参数,例如任务类型、任务的外观定义以及模拟开始时默认的模型外观。

【模拟】选项卡:调整任意时间开始模拟。

施工进度动画模拟的主要过程包括添加任务、配置参数、模拟设置、施工模拟演示、动画导出 5 个部分,下面按照操作过程分别进行介绍。

1. 添加任务

在 TimeLiner 窗口中第一项就是【任务】选项卡,因此在创建施工进度动画时的首要任务就是添加任务。添加任务有三种方式:基于选择树、基于选择集、基于搜索集。以基于选择树方式添加任务。如果创建与选择树中的每个最顶部项目同名的任务,请单击【针对每个最上面的项目】。根据构建模型的方式,可以是层、组、块、单元或几何图形。系统将自动创建计划开始日期和结束日期,这些日期从当前系统日期开始,并针对随后的每个结束日期和开始日期递增一天。

选择需要进行模拟的列。在【任务】选项卡中,单击【列】按钮,选中【自定义】,选择【选择列】选项,进入 TimeLiner-【列】对话框,选中需要的列,这里建议选中各分项费用、总费用、注释、动画、动画行为和脚本。

列设置完成后,进行任务类型的设置。将【任务类型】设置为【构造】。系统自动批量创建,对于第一个任务处自动设置时间为一天(8h),并自动附加相应的对象。如果采用纯手动方式添加任务,将【名字】重命名为【桩基础】,并更改【附着】的状态,选中当前任务对应的集合,单击【附着】按钮,选择【附着当前选择】。更改【计划开始】和【计划结束】的时间,任务类型改为【构造】,【动画行为】设置为【缩放】。

【动画行为】设置的播放方式有三种:

(1) 缩放。动画持续时间与任务持续时间相匹配,这是默认设置。

(2) 匹配开始。动画在任务开始时开始,如果动画的运行超过了 TimeLiner 模拟的结尾,则动画的结尾将被截断。

(3) 匹配结束。动画开始的时间足够早,以便动画能够与任务同时结束。如果动画的开始时间早于 TimeLiner 模拟的开始时间,则动画的开头将被截断。

根据上述内容进行桥梁模型中基础、桥台、桥墩、空心板、桥面铺装及防撞墙等构件的任务添加,并进行相关参数的设置和动画匹配,如图 6-8 所示。

这里需要注意的是,动画匹配必须在符合工序和进度的动画已经制作完成的基础上,在需要链接动画的任务上,单击【下拉】按钮,选择对应的动画即可。

2. 配置参数

添加任务完成后切换到【配置】选项卡,进行配置参数的设置。选择【配置】选项卡,进行

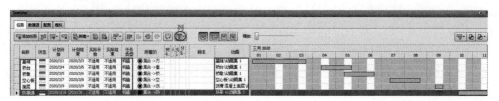

图 6-8　添加任务设置

外观的自定义,可以添加新的外观类型。对相应的状态,设置相应的外观:开始外观、结束外观、提前外观、延迟外观或模拟开始外观,如图 6-9 所示。

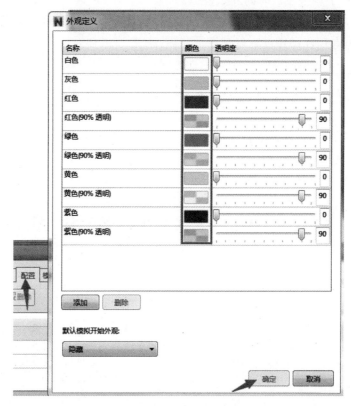

图 6-9　配置参数设置

3. 模拟设置

模拟设置主要包括动画播放基本参数的设置。在【模拟设置】选项卡中单击【设置】按钮,进入【模拟设置】窗口,打开【设置】对话框,可以进行开始/结束时间、时间间隔、动画链接、文本的属性定义、视图等内容的设置。选中【替代开始/结束日期】以后,可以只模拟某个局部时间段的进度状态。【时间间隔大小】主要用来控制进度任务内的间隔大小,并且显示在此时间间隔内的工作量以及完成的比例。【覆盖文本】在模拟过程中,在屏幕上动态提示进度、任务量、成本等信息。【动画】指在进度模拟过程中,可以关联若干视点动画和场景动画。因为在之前的任务中已经设置了动画和脚本,且非常灵活,这里的关联可控性不高,所以这里的动画链接应用较少。【视图】包含以下内容。

（1）【计划】：仅模拟进度计划，即只使用计划开始和计划结束日期；

（2）【计划（实际差别）】：用"计划"进度来模拟"实际"进度。视图中仅高亮显示计划日期范围内附加到任务的模型；

（3）【计划与实际】：视图仅高亮显示整个计划和实际日期范围附加到任务的模型；

（4）【实际】：仅模拟实际进度；

（5）【实际（计划差别）】：视图仅高亮显示实际日期范围期间附加到任务的模型，如图 6-10 所示。

图 6-10　模拟设置

4．施工模拟演示

动画创建完成以后，即可演示整个动画过程。单击【模拟】窗口【播放】按钮，即可显示施工过程动画，如图 6-11 所示。

5．动画导出

导出某一文件格式的动画以后，可以在其他设备或者工具上进行动画播放。在【模拟】选项卡下，单击【导出动画】，即将模拟过程导出为动画，注意设置相关参数。

导出设置和导出动画的设置一样，根据不同的【源】选择 TimeLiner 模拟即可。

（1）【渲染】：选择视口。

（2）【输出】：格式可选择 Windows AVI。

（3）【尺寸】：选择【使用视图】。

（4）【选项】：默认每秒帧数 6，其余默认，确定即可导出动画，如图 6-12 所示。

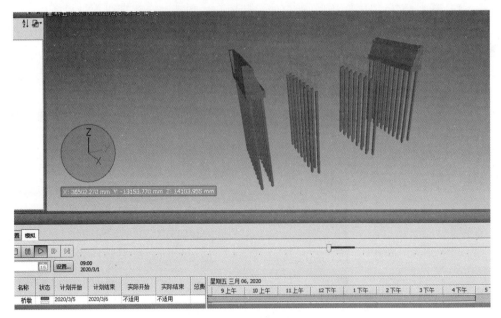

图 6-11　施工模拟动画

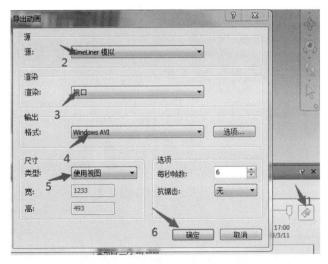

图 6-12　导出 TimeLiner 动画设置

6.3　碰　撞　检　查

碰撞检查是在计算机的支持下,将不同专业的工程师所建立的模型整合到一起之后,对完整的 3D 建筑信息模型进行空间上的碰撞检查。桥梁结构包含的部件及构件较多,通常由不同的人员设计完成,由于不同部件的专业人员对结构理解的差异,导致专业之间的成果发生干涉和碰撞是不可避免的。在施工前对设计图纸进行深度设计,形成三维精细化模型并对其进行三维碰撞检查,可以发现结构或临时设施设计不合理之处,并对碰撞点进行标记和标注,随后通过协同沟通,根据结构使用意图进行设计变更,形成完善的设计图纸,避免了施工方因为中途设计变更导致进度、人以及成本等方面的损失。在测试碰撞时,软件的测试类型有两种,包括硬碰撞和间隙碰撞(软碰撞),可以通过设置不同的参数来满足碰撞的需求,也可以使用不同的规则来忽略一些不必要的碰撞。

硬碰撞是指实体与实体之间的交叉碰撞;软碰撞是指实体间实际并没有碰撞,而是间距和空间无法满足相关施工要求时发生的碰撞。因此可以通过硬碰撞发现构件与构件之间的物理交叉碰撞,而通过软碰撞可检查出空间和间距不满足施工要求的构件,同时软碰撞还可以基于时间维度进行检测,及时发现在动态施工过程中可能出现的碰撞,例如在施工场地塔吊等施工机械发生的交叉作业。这里主要介绍施工机具的碰撞检查和移动路径的碰撞检查两个方面。

6.3.1　施工机具的碰撞检查

对于施工机具的碰撞检查,有助于及时调整施工过程中可能存在的问题,提升施工质量并优化施工预算。施工机具的碰撞检查采用 Navisworks 中的 Clash Detective 工具来实现。使用 Clash Detective 工具可以有效地识别、检验和报告三维项目模型中的碰撞。有助于降低模型检查过程中出现人为错误的风险。Clash Detective 可用作已完成设计工作的一次性"健全性检查",也可以用作项目的持续审核检查。可以使用 Clash Detective 在传统的三维几何图形(三角形)和激光扫描点云之间执行碰撞检查。

设置和运行碰撞检查的步骤如下:

第一步:从【批处理】中选择一个以前运行的测试,或启动一个新测试。

第二步:设置测试规则。

第三步:选中所需的测试项目,然后设置【测试类型】选项。

第四步:查看结果并将问题分配给相关责任方。

第五步:生成相关问题的报告,并分发下去进行查看和解决。

1. 添加 Clash Detective 碰撞检查

打开相关施工机具的建模文件,并单击工具栏中的 Clash Detective,执行碰撞检查命令,如图 6-13 所示。

2. 运行碰撞检查

单击 Clash Detective 工具栏中的【添加检测】。

系统默认名称为【测试 1】,修改名称为【施工机具的碰撞检查】。

名称定义完成后需定义检查规则,取消可忽略对象之间的碰撞。然后进行碰撞检查对象的选择,在碰撞选择的两个对象【选择 A】和【选择 B】中,【选择 A】设定为场地,【选择 B】设定为标高 1,从而实现【选择 A】和【选择 B】中施工器具的碰撞检查。碰撞检查命令还有其他规则:在【设置】菜单栏中设有硬碰撞、硬碰撞(保守)、间隙、重复项 4 个碰撞检查规则选项,各个规则所表示的详细含义如下。

(1)【硬碰撞】选项是指两个对象实际相交。

(2)【硬碰撞(保守)】选项是相对于【硬碰撞】选项采用了更加严谨的计算规则,而使测试结果更加准确的碰撞方式。标准的【硬碰撞】检查类型应用的是"普通"的相交策略,该策

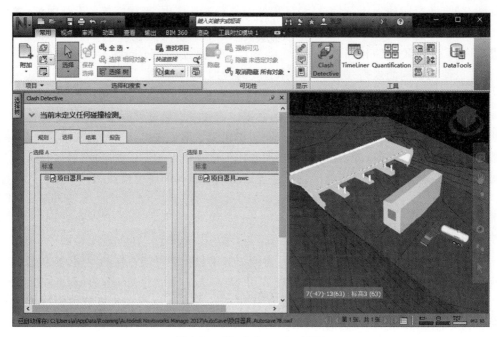

图 6-13　Clash Detective 界面

略检查的是两个项目的任何三角形之间是否相交(所有 Autodesk Navisworks 几何图形均由三角形构成)。这可能会错过没有三角形相交的项目之间的碰撞检查。例如,两个完全平行且在其末端彼此轻微重叠的管道,管道相交,而定义其几何图形的三角形都不相交,因此,在使用标准的【硬碰撞】类型时会错过此碰撞。但是,选择【硬碰撞(保守)】检查,会报告项目所有可能产生的碰撞,是一种更加彻底、更加安全的碰撞检查方法。

(3)【间隙检测】选项是指当两个对象相互间的距离不超过指定距离时,将它们视为相交。选择该碰撞类型还会检查任何硬碰撞。例如,当管道周围需要有隔离空间时,可以使用此类碰撞。

(4)【重复项】是指两个对象的类型和位置必须完全相同才能相交。此类碰撞检查可用于使整个模型针对其自身碰撞,并检测到场景中可能错误复制的任何项目。

如果对场地和标高 1 的施工机具进行碰撞检查,根据上述规则,将其设置为【硬碰撞】,如图 6-14 所示。

在图 6-14 中,【公差】关系到报告碰撞结果的严重性以及过滤可忽略碰撞的能力(假设这些碰撞问题可就地解决)。公差用于硬碰撞、最小间隙检查和副本碰撞类型的碰撞检查。在此公差内的任何碰撞会被发现并报告,而超出此公差的碰撞将被忽略。因此,对于【硬碰撞】,严重性介于零和公差值之间的碰撞将被忽略,而对于【最小间隙检查】,严重性超过公差值的碰撞将被忽略,因为它远远超过所需的距离。同样,将忽略严重性超过公差值的"重复"碰撞,因为它很可能是一个单独而相同的几何图形部分。

单击运行检查,可以发现系统已经检查出了一处碰撞,并高亮显示在界面中。Clash Detective 界面已经跳转到结果选项中。下方的项目菜单给出了碰撞物体的名称,显示小型卡车和油罐车发生了碰撞,如图 6-15 所示。将此碰撞检查结果分配给相应的负责人。可通过单击【结果】-【分配】,在【分配给】一栏填入场地规划师,在【注释】一栏填入小型卡车和油

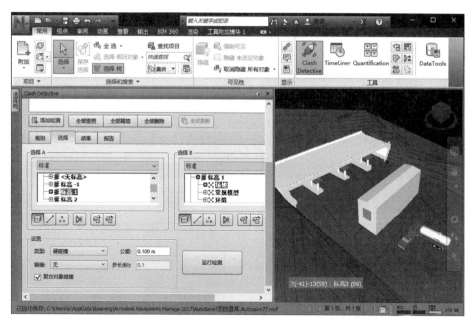

图 6-14　设置完成的碰撞检查界面

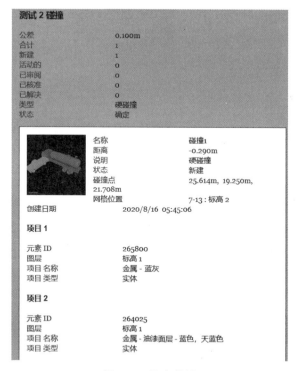

图 6-15　输出结果

罐车碰撞,单击【确定】按钮,完成碰撞检查结果的分配。

3．碰撞检查结果的输出

碰撞检查结果报告包含了碰撞点在内的碰撞信息,其报告输出的操作方法是:单击

Clash Detective 界面【报告】菜单栏,进行碰撞结果的报告输出。在【内容】一栏选择输出报告中的一些信息,按照需要勾选即可。输出设置中报告格式选择为 HTML,这个格式是最常用的也是最直观的输出格式,设置完成后,单击【写报告】按钮,如图 6-16 所示。打开生成的报告可以查看碰撞检查报告输出的结果,如图 6-16 所示。

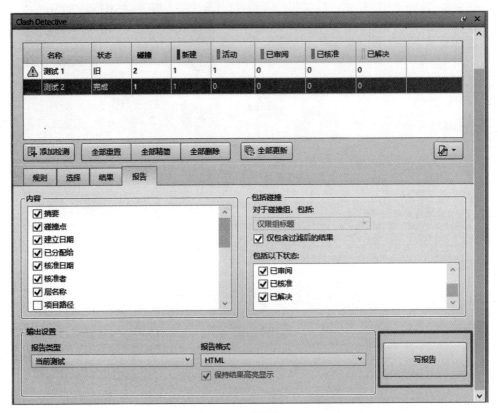

图 6-16　报告输出

6.3.2　移动路径检查

与施工机具之间的碰撞检查形式不同,施工机具的移动路径检查可采用【软碰撞】的形式来实现。项目模型可能包含临时项目(如工作软件包、船、起重机、安装等)的动态表示。可以使用 Animator 窗口创建包含这些对象的动画场景,以使它们围绕项目现场移动,或更改其尺寸等。某些正在移动的对象可能会发生碰撞,可通过设置软碰撞对该碰撞进行自动检查。执行软碰撞时,可使用 Clash Detective 检查是否发生了碰撞。如果发生碰撞,将记录碰撞发生的时间以及导致碰撞的事件。

具体操作步骤如下:

第一步:在 Navisworks 中,打开包含对象动画场景的项目模型文件。

第二步:如果尚未打开【动画制作工具】窗口,请单击【常用】选项卡-【工具】面板-【动画制作工具】。

第三步:播放动画。检查动画对象是否在正确的位置、以正确的尺寸等显示。

第四步:如果尚未打开 Clash Detective 窗口,单击【常用】选项卡-【工具】面板-Clash

Detective。

第五步：单击【选取】选项卡。

第六步：在【左】窗格和【右】窗格中选择要测试的对象。

第七步：在【链接】下拉列表框中选择要链接的动画场景，如 Scene1。

第八步：在【步长】框中输入碰撞时的时间间隔。

第九步：单击【开始】按钮。Clash Detective 将在每个时间间隔检查动画中是否存在碰撞。【结果】框中将显示已发生的碰撞。

实现以上步骤的具体操作如下。

1. 定义施工机具的移动路径

打开 Navisworks Manage【工具】选项卡中的 Animator。在左下角工具栏中右击【添加场景】，将名称改为【水泥罐车的移动路径】。在视图中单击左键选择需要添加动画的物体，这里为水泥罐车。右击添加的场景，选择动画集，从当前动画选择，如图 6-17 所示。

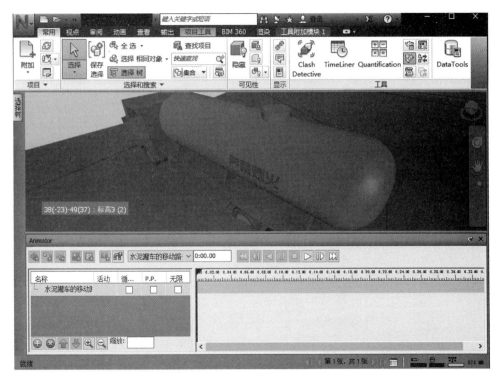

图 6-17　添加罐车动画集图

单击 Animator 工具栏中左上角【平移动画集】为罐车添加平移动画。在时间轴上选择两个时间并分别单击捕捉关键帧。这里选择 0 秒和 10 秒，表示罐车在 0 秒到 10 秒这段时间在移动，如图 6-18 所示。

单击末端的【关键帧】，弹出【编辑关键帧】对话框，在其中编辑水泥罐车移动的位置，将罐车沿 X 轴负方向平移 6.3 米，就在 X 后面的框中输入-6.3，单击【确定】按钮后完成施工机具移动路径的设置，如图 6-19 所示。

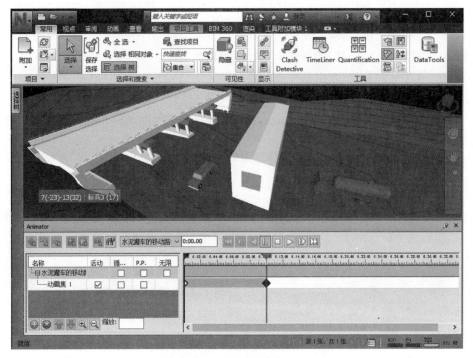

图 6-18　捕捉关键帧

图 6-19　编辑关键帧

2. 施工机具的移动路径检查

打开 Clash Detective 添加检查,要检查移动路径,可以直接将【选择 A】和【选择 B】都选择为项目机具,来检测所有施工机具的碰撞,系统会自动将移动的碰撞和静止的碰撞分离开。

单击【设置】中的【链接】,选择创建好的【水泥罐车的移动路径】,单击【运行检测】按钮,如图 6-20 所示。

检查完成后系统会自动跳转到【结果】菜单,【结果】对话框中显示出所有的碰撞检查情况,应用下拉菜单,查看不同时间点的碰撞检查结果,可以看到水泥罐车在行驶途中会撞到房屋,如图 6-21 所示,由此即完成施工机具移动路径的碰撞检查。

图 6-20　基于时间的碰撞检查图

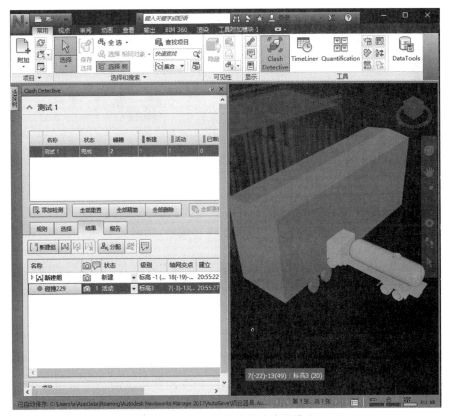

图 6-21　施工机具的移动路径检查

6.4 工程量统计

工程量统计是把设计图纸的内容转化为按定额的分项工程或结构构件划分的以物理计量单位或自然计量单位所表示的实物数量。现代建筑的结构类型越来越复杂,手工计算工程量往往耗费大量的人力、物力,效率低下,不能实时满足效率需求,这就需要更为科学合理的手段,来满足复杂结构工程量的统计。BIM 技术作为信息化技术的产物,不仅可以较为准确地完成复杂工程量的统计,节省人力、物力、财力,同时还可以提高工程量的统计效率。

本节应用 BIM 技术中的 Navisworks 软件,Quantification 模块进行模型算量介绍。

算量是成本估算流程的一部分,这一过程包括"估算"或从项目设计数据中提取实际数量以准备构建项目所需的资源(材料、设备、人工等)列表。算量的示例包括确定建筑平面中所需的灯光照明设备的数量或堆放所需混凝土的数量。

算量对象是特定于某个项目的单个实例,例如一个混凝土基础即可是一个算量对象。算量对象是在将设计数据中的对象与项目目录中的项目关联时创建的。算量对象有一个资源及其关联特性的列表,例如混凝土基础中可能有关联的信息,列表包括所需混凝土的数量和重量、钢筋重量、工时等。通过 Quantification 工作簿,可以汇总各个算量对象已报告项目中关联资源的信息。具体操作如下。

单击【常用】选项卡工具命令中的 Quantification,进入 Quantification 算量页面,如图 6-22 所示。

图 6-22 Quantification 算量工具

打开后弹出四个模块,分别为 Quantification 工作簿、资源目录、项目目录、图纸浏览器。由于 Navisworks 内置目录的模板只有欧美标准的,如果不选择模板,Quantification 工作簿界面都是空白的。为了适应中国的标准,目录模板需要自己创建(目录的创建只需一次,下次可直接使用本次创建的模板)。模板创建完成后,即可进行项目设置、目录创建、算量规则确定,并完成算量及输出。

1. 项目设置

在 Quantification 工作簿对话框中单击【项目设置】,对整个算量的模板和单位进行设置,国内项目一般选择【无】及【公制】即可,如图 6-23 所示。

2. 目录创建

在项目目录模块中包括新建项目和新建组。如果算量统计的对象是一座拱桥,则根据拱桥项目组成构建拱桥、主梁、横系梁、吊索等项目,并在新建项目中构建新建组,在项目目

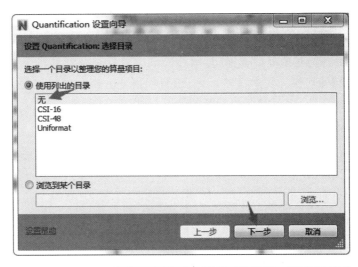

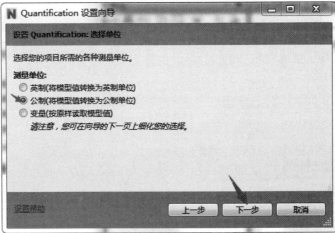

图 6-23　算量模块界面

录中确定项目的基本 WBS（work breakdown structure，工作分解结构），此结构为
Navisworks 自带结构。使用【新建项目】操作，可细化与拆解项目分部分项工程。在
【Quantification 工作簿】对话框中选择【显示和隐藏项目目录及资源目录】，可以实现【项目
目录】与【资源目录】的切换。其中，【项目目录】罗列出各分部分项工程的具体内容；【资源
目录】罗列出所需混凝土、模板等资源配置的情况，如图 6-24 所示。

图 6-24　项目目录构建

从【项目目录】切换到【资源目录】中，可以新建相关资源明细，以模板和混凝土两种类型
为例，如图 6-25 所示。

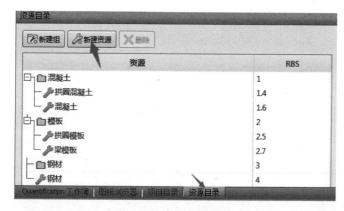

图 6-25　资源目录构建

3. 算量规则确定

完成【项目目录】和【资源目录】创建后进行算量规则的确定，算量规则可利用
Navisworks 自带规则进行映射，也可采用自行输入的方式确定。若选用自带规则，需设置
映射方式，具体操作如下。

（1）特性映射。首先要把构件中的参数与 Navisworks 本身的名称进行对应。
Navisworks 的映射分为多个层面，大到全局，小到构件，都可以设置自己的映射规则，这样
就可以避免由于构件参数设置不同造成的映射混乱，如图 6-26 所示。

（2）计算规则输入。计算规则同样分为多级计算，可以为每个分部分项工程输入统一
公式，如果有个别构件需要特别的公式计算可输入单独的计算规则，如图 6-27 所示。

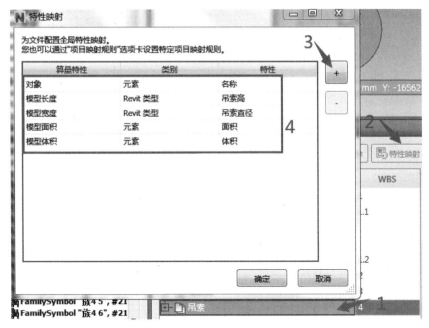

图 6-26　特性映射设置

图 6-27　计算规则确定

4.算量及输出

完成算量后,需要对算量结果进行输出。选定某一分部分项工程的末级,同时在选择树中高亮选择相应的选择集。右击【对选定的项目进行算量】即可,系统会自动将构件添加至WBS 结构中。

根据特性映射,并结合计算公式,选择【模型算量】中的【算量到选择的项目】,系统会自动计算模型中的成本费用与耗用量,如图 6-28 所示。

选择【算量】导出为 Excel 表格,并保存至指定位置。

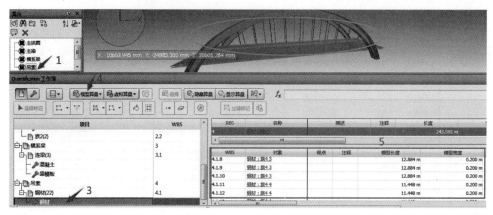

图 6-28　算量的选择项目

6.5　施工进度管理

在工程建设中,将项目的进度管理定义为对工程项目建设过程中各阶段的工作任务、工序、完成工作所需要的时间以及各项工作之间的衔接关系指定的工作计划。在整个作业过程中经常检查工作的实际进展与编制的工作计划是否存在偏差,若有偏差则及时分析并找出原因,采取相应的措施,并调整或修改工作计划,直到工程项目竣工投入使用。项目进度管理的最终目的就是保证工程项目能够按时交付。

为实现工程项目进度管理目标,可将施工进度管理阶段内容细化,包括任务定义、任务排序、任务资源估算、任务时间规划、进度计划指定和进度管理等内容。BIM 技术的应用不仅可以实现各阶段管理内容的可视化,同时可以更加合理有效地优化进度内容,为工程项目进度的顺利完成提供有力保障。

基于 BIM 技术的进度管理是将三维模型关联时间维度形成四维模型,进行施工进度的模拟。首先,需要验证施工单位编制的进度计划的合理性。施工单位在完成施工组织设计的初步编制后,将 BIM 模型与进度计划集成,对编制的项目进度计划进行模拟验证,对项目工作面的分配、交叉以及工序搭接之间的合理性进行分析并进行优化,得出项目的最终进度计划。然后,在施工过程中检查实际进度与计划进度是否存在偏差,分析偏差原因,及时解决存在问题,调整项目进度计划,以满足整体时间节点要求。应用 BIM 技术,施工人员可以更加直观地掌握整个项目的施工过程以及施工过程中的资源需求,避免由于施工信息和资源需求信息的传达不及时或错误而影响施工进度、成本等。

编制进度计划时应先对工程项目进行结构分解,目前国际上具有代表性的分解结构是 WBS 和工程分解结构(engineering breakdown structure,EBS)。基于 BIM 的进度计划编制和传统的进度计划编制最大的区别在于 WBS 分解后,是否将进度、资源、成本等信息与模型图元相关联。在施工阶段进行 WBS 分解时,一般根据施工技术和施工方案结合施工部位和施工工序进行划分。如桥梁的 WBS 划分为桩基、桥台、桥墩、梁部结构等。将 BIM 工程资源与模型构件和 WBS 工作的数据相关联,可以方便快捷地实现项目进度计划、资源需求、成本预算、风险管理计划和采购计划等编制,从而为项目的精细化动态管理提供技术可行的管理手段。

　　常用的编制进度计划的软件有 Microsoft Project、Microsoft Excel、Primavera P6 等。这里应用 Navisworks 的 TimeLiner 模块创建施工任务和施工进度计划。TimeLiner 可以导入 Project、Excel、P6 等软件生成的 mpp、csv 等格式的施工任务数据与施工模型相关联。最后,将进度计划中创建的任务与模型中的构件对应关联起来进行模拟。在模拟过程中可以清楚地看到施工进度任务在模型上的效果,还可以将施工计划进度与实际进度进行比较。对下一步施工任务分配材料费、机械费、人工费、总费用等提供有力的数据支持,跟踪整个项目在施工过程中的各项费用,为资金管理奠定数据基础。

　　TimeLiner 还可以将最终的模拟结果以图像和动画的形式导出来。TimeLiner 创建进度计划时必须指定各项施工任务的类型,用于施工过程模拟中显示不同施工任务的模型状态。Navisworks 默认的施工任务类型有构造、拆除、临时三种。此外,还可以自定义一些任务类型,如塔吊、施工机械等。这部分在施工过程动态模拟学习时进行过介绍。利用前述施工动态模拟过程进行桥梁施工进度的设计,设计梁桥施工顺序为基础-桥台-桥墩-空心板-桥面铺装-防撞墙,并按此顺序确定任务名称,设计进度计划起止时间为 2020.3.1-2020.3.10,如图 6-29 所示。

图 6-29　TimeLiner 创建施工任务进度计划

　　创建完进度计划后,将施工任务与模型图元关联起来一一对应,才能够保证施工过程模拟的正确性。在 TimeLiner 中通过【附着集合】或【附加当前选择】将当前场景中的模型图元附着给对应的施工任务,如图 6-30 所示。

　　在 Navisworks 中可以显示每个任务的状态,在状态栏里用不同的颜色标识出任务状态,当将光标放到状态栏时会显示工具提示:【早开始早完成】【早开始晚完成】【晚开始晚完成】【晚开始早完成】等;光标放到甘特图时会提示当前任务的相关信息。Navisworks 中的 TimeLiner 根据施工进度计划创建各个施工工序的起始、结束时间,精确到年、月、日,与每一个子模型进行关联,同时能够反映出每一个工序完成的百分比情况,每个工序的名称、激活状态和逻辑关系等都一目了然,项目的施工周期也很明确。例如图 6-31 所示,设计基础施工实际开始时间比计划开始时间晚,桥墩实际开始时间比计划开始时间早,实时查看项目开工到工程结束之间任意一天的任意时间段的施工状态、完成情况。如果与预计施工进度不一致,需要及时调整施工方案,保证总体施工进度。

　　在甘特图中还可显示项目开始和结束时间的任务信息和项目工作进度完成百分比,以便于进行更好的施工管理与控制,如图 6-32 所示。

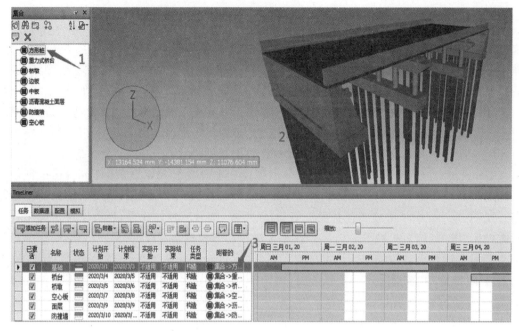

图 6-30　模型图元与施工任务关联

图 6-31　实际进度时间设置

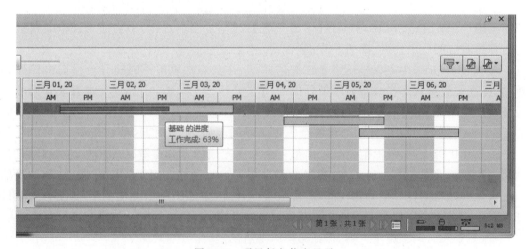

图 6-32　项目任务信息显示

6.6　本 章 小 结

　　本章从桥梁施工方面对 BIM 应用进行了介绍,首先介绍施工过程中 BIM 的应用范围,以桥梁模型为背景介绍施工过程动态模拟的创建方法与过程,其次进行施工机具和移动路径的碰撞检查,以拱桥模型为例,介绍工程量统计的过程与方法,最后总结 BIM 技术在施工进度管理方面的优势与管理控制方法。

第 7 章

BIM技术在桥梁运营管理阶段的应用

本章将介绍 BIM 技术在桥梁运营管理阶段的应用；介绍 BIM 模型管理、人员管理及数据管理的方法；从检查、评估及决策建议等方面介绍制定维修整改实施方案；并从工程阶段化划分、工程信息提取、仿真模拟、预警及信息反馈、BIM 风险评估、控制及风险预警等方面进行介绍。

7.1 引　　言

桥梁运营阶段的管理是通过在整个桥梁运营阶段信息的有效集成、分析和应用，使桥梁达到预期运营目的，并实现可持续的应用。BIM 技术作为现代信息化桥梁工程建设与维修的手段，对桥梁工程运营阶段的信息管理可以实现有效的信息创建、管理和共享。

1. BIM 技术应用在桥梁运营管理阶段的优势

基于 BIM 技术的桥梁工程运营管理是在设计和施工阶段的数据层之上进行的扩展和补充，包含设计阶段的 BIM 可视化模型和施工阶段的 BIM 进度管理等信息。由于综合了设计和施工阶段的所有信息，桥梁运营管理中的数据库是完整的，对后期的运营管理提供了全面的信息资源，提高了信息利用率，避免了信息的重复和流失。所以通过该数据层，运营管理人员可以得到桥梁全生命周期的所有信息，制定运营管理的决策能够更加果断和全面，同时这样的有效集成，大大节省了管理成本，也提升了管理部门的管理效率。

BIM 技术可视化和集成化的特点，为建筑、桥梁等传统行业问题提供了新的解决思路。利用 BIM 技术进行桥梁运营养护管理，具有以下三个方面的显著优势。

1) 降低可视化的成本

以 Revit 软件为例，由于其模型对象和参数化的特性，可以方便地将数据与模型相结合，同时其还具有强大的图形处理（渲染、造型）能力和开放的 API（application programming interface，应用程序编程接口）库，能够方便地进行二次开发,有效节省可视化的成本。

2) 数据的整合能力和表达能力

BIM 软件对模型具有强大的管理能力,作为模型的参数数据保存在模型项目中。这些模型参数均可以在模型界面中实时更新和查看,并且数据在模型中相互关联,一处数据修改后,模型中的数据均会更新,保证了数据的一致性。因此在运营管理阶段,可以根据施工阶段建立的 BIM 模型,给模型添加运营管理各模块数据的参数,将所有的数据关联到构件,通过构件可以精确查询数据,发挥数据的表达能力。

3) 数据的交互能力和统计功能

利用 BIM 技术对构件进行管理,可以完成数据的统计工作。同时通过强大的 API,可以将外部数据(如运营养护管理系统)与 BIM 软件进行交互,在 BIM 软件内通过对模型构件的操作来实现对数据的统计整理以及计算,避免了人工计算统计过程中出现错误,通过数据统计一键式操作的设计,实现高效率桥梁运营阶段的管理工作。

结合 BIM 技术进行桥梁运营管理,为桥梁工程运营阶段设备运行维护和数据统计管理起到了保障作用。BIM 技术的应用不仅可以精确定位运营阶段的突发状况,快速提供维护信息和处理方式,而且可以对维护的具体情况进行及时反馈,使桥梁工程运营阶段的管理不再处于被动和应急状态,提高管理水平,增加桥梁使用的安全性能,减少桥梁运营阶段的突发状况。

2. BIM 技术在桥梁运营管理阶段的应用范围

BIM 技术在桥梁运营管理方面的应用范围,主要体现在以下几个方面。

1) 全景观察

BIM 技术可以实现工程可视化,即在桥梁工程施工完成之前,就可以通过软件模拟出桥梁工程的整体情况以及桥梁所处的地表环境。根据前面介绍内容应用 Revit 软件完成桥梁建模,再将桥梁模型导出 DWG 格式或其他兼容性好的格式,并将桥梁所处地形图片导入CAD 软件或其他 BIM 软件中,实现建模后可以让各行业人员在桥梁没有施工之前了解桥梁工程的整体情况,实现桥梁工程的全景观察,为后期奠定良好的模型基础。

2) 巡检模式

BIM 技术不仅可以实现桥梁工程整体的可视化,还能够使桥梁在运营管理阶段的桥梁检查实现可视化,即通过软件模拟出桥梁养护人员进行日常巡查、经常检查以及定期检查的工作。桥梁养护人员可以使用 3DS MAX 软件或其他动画制作软件对需要进行桥梁检查的部件进行建模,利用 3DS MAX 软件自带的编制动画的功能,制作特检查部件的模拟检查动画,使各行业人员了解桥梁各部件之间的组成,使桥梁养护人员明确自己的工作。

3) 病害发展

BIM 技术在实现桥梁检查可视化的同时,可以将桥梁检查出的病害情况进行可视化,即通过软件模拟出桥梁构件病害发展的过程。桥梁养护人员同样可以使用软件对典型常见的病害进行数字化的描述,以 3DS MAX 软件为例对典型病害产生的部件进行建模,再利用 3DSMAX 软件自带的编制动画的功能,制作相应病害在构件上发展的动画,让各行业人员了解桥梁各构件病害的发展。更重要的是,让桥梁养护管理人员在发现并记录病害的同时有据可依,并且让桥梁病害的记录更加规范,提升养护人员管理能力的同时,丰富完善桥梁病害库。

4) 维修优先

BIM 技术应用于桥梁运营管理阶段不仅可以降低桥梁检查维修成本,提高检修效率,而且可以通过软件的二次开发,将复杂而抽象的文字描述的桥梁病害信息更加直观地展现出来,为维修方案的制定奠定数据基础。Revit 软件可以实现病害信息的分类汇总,将病害构件用不同颜色标示出来,从而使桥梁养护人员可以很直观地掌握构件病害的多少,制定科学合理的维修方案。

5)维修反馈

BIM 技术同样可以实现桥梁维修资料的同步性。桥梁在检查维修之后,养护人员可以将维修处理的情况输入 Revit 软件经过二次开发的函数中,Revit 软件能很好地将维修处理的信息覆盖到原有检查信息上,并且 Revit 会按照病害数量的多少重新将不同部件用不同颜色标示出来,从而对桥梁各构件的病害情况进行实时掌握。

7.2　BIM 管理的应用

随着 BIM 技术在建筑业应用的日趋成熟,为工程项目的信息管理开拓了新思路。BIM 技术基于特定项目创建模型并覆盖项目的全生命周期,将传统信息表达方式向基于共享模型存储全部信息的方式转变。项目建设过程中产生的海量信息来自各参与方,且格式各异、结构复杂,不同阶段对信息的需求也各不相同。实际项目管理对 BIM 信息化管理应用提出了新的需求和挑战,主要包括以下几个方面。

1. 远程协同管理

工程项目的成功实现需要借助各项目参与方的力量,实际施工过程中,项目各参与方往往位于各地,甚至处于异地,项目各参与方浏览模型的效率问题无法解决。为使项目各参与方摆脱地域限制,实现基于互联网的多方协调管理,BIM 技术的应用起着至关重要的作用。

2. 实时信息更新

项目实施过程中,工程信息始终处于动态变化中。传统信息输入方式使得项目参与者难以准确把握此类信息。工程中大量的图纸、报表、技术说明、会议纪要等文档一般以"纸质"形式存储管理,无法随时调阅,影响了信息的使用效率。高效的信息管理环境,提高信息实时更新和使用效率是亟待解决的问题,目前,BIM 技术不仅可以完善信息的存储问题,同时可以解决信息调阅及实时更新,实现信息管理的可视化。

3. 多层次的决策分析

工程项目涉及多个利益相关方,不同利益方有各自的利益需求,其所希望了解的项目信息以及深入程度也不尽相同。根据不同参与方和职能管理部门的需求,应用 BIM 技术进一步细化项目管理的功能,进行多层次的项目决策分析,从而提高 BIM 项目管理系统的实用性和适用性。

结合项目实际管理需求,在 BIM 建模技术应用的基础上建立基于 BIM 的工程信息管理架构,以及相应的信息集成和管理机制,为全生命周期的信息管理提供新的 BIM 应用模式。

7.2.1　模型管理

BIM 模型可以转换为基于 IFC 和 XML 等格式的文档,通过网络平台传递。根据不同属性或施工节点将模型构件或施工段进行分类,实现 BIM 模型构件的组织、分类、关联和三维显示。在项目实施过程中,项目管理人员根据施工进程,将材料、进度、质量等工程信息汇入 BIM 模型,与模型构件相互关联,成为构件的属性信息。工程信息的种类划分是系统信息管理的前提条件。系统可以根据不同构件的施工特点进行构件属性信息的分类。

　　BIM 模型是 BIM 实施的前提条件。常用的桥梁建模软件有 Revit、Bentley、Tekla 以及 Catia 等。若将这些软件应用于不同类型桥梁建模可知,一般混凝土桥梁以 Revit 软件为主,Bentley 适用于各种类型桥梁的建模,Tekla 专长于钢桥,Catia 在钢桥和混凝土桥梁中都有成熟应用,特别是异形或复杂类型的钢结构。若将这些软件从数据互通能力、专业协同能力、道路设计能力、桥梁设计能力以及市场普及性等方面进行对比,对比结果如表 7-1 所示。由此可知,Revit 是比较适合桥梁工程人员使用的首选 BIM 建模软件。

　　结合软件分析结果,选择合适的建模软件,并在信息需求分析的基础上实现桥梁运营阶段的管理。首先应将公路桥梁工程结构进行分解,即工程分解结构(EBS),其含义是指在工程系统功能分析的基础上,按功能、专业(技术)系统将工程系统分解为一定细度的工程子系统,分解的结果一般是树状结构图。该方法能够有效地保留公路桥梁工程全生命期的信息,并为后期的运行管理提供服务。因此,采用工程系统结构分解的方法,可以将公路桥梁设计、施工、运营各个阶段统一起来,形成一体化的集成管理。

表 7-1　软件对比分析

软件	数据互通能力	专业协同能力	道路设计能力	桥梁设计能力	市场普及性
Revit	Civil 3D 和 Revit 两种文件格式	难以与路线等专业实现协同	线路和结构物设计为两个独立软件,不能实现关联参数化修改	基于建筑轴网设计,定位方式不符合习惯,无专业设计功能	在国内普及程度高,Revit 的建筑业应用广泛
Bentley	统一的 DGN 文件格式	联合模型,与其他专业较好协同	线路完全参数化,并与结构物设计一体化,可关联参数化修改	基于桩号高程定位,专门的桥梁设计建模软件及桥梁结构计算软件	水利水电行业应用较普及,整体市场占有率低
Catia	统一 IFC 格式	配套专业应用产品欠缺,难以协同	无道路软件,需二次开发	基于建筑轴网设计,定位方式不符合习惯,无专业设计功能,但优秀的参数化建模能力能较好地完成桥梁建模	航空、汽车等制造业占市场份额较高
Tekla	统一 IFC 格式	配套专业应用产品欠缺,难以协同	无道路软件,需二次开发	基于建筑轴网设计,定位方式不符合习惯,不适合长距离、大体量的全桥模型	用于建模、加工和安装各种类别的建筑部件,尤其是钢结构节点

　　根据桥梁结构的形式不同、构造材料不同、桥梁构件种类等不同,桥梁项目都会有所差别,因此对不同结构形式的桥梁进行系统结构分解时应能体现出不同类型桥梁的技术特点。这里根据不同结构形式,将公路桥梁分为简支梁桥、连续梁桥、钢构桥、拱桥、斜拉桥、悬索桥等。下面以连续梁桥为例进行介绍。公路桥梁 EBS 分解如图 7-1 所示。

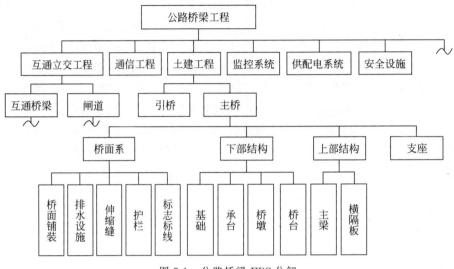

图 7-1　公路桥梁 EBS 分解

　　公路桥梁分解后,需进行 EBS 编码体系的构建,与公路桥梁有关的编码体系包括两大类:一是结构分解体系编码,反映了桥梁工程的实体特性。结构分解体系编码是整个桥梁工程建设项目管理工作的关键,也是桥梁工程项目的投资控制、质量控制以及合同管理的基本前提,其设计的好坏对项目管理的效率甚至整个项目能否顺利实施有极为重要的影响;二是文档分类体系编码,文档分类体系与结构分解体系相比处于宏观层次,在具体编码设计中会牵涉到对建设过程的编码、建设项目各参与方的编码等,因此较好的文档分类体系能完整表达该文档各方面的基本信息。EBS 编码体系提供了共同的信息交换语言,能够为工程所有信息建立一个共同基础。例如,公路桥梁模型的编码体系采用树状结构,即"父码+子码"的方法编制,按照不同层次分项的复杂程度进行编码。模型管理则以结构分解体系编码进行管理,该编码体系共 4 个层面,由于项目的具体编码形式与桥梁的类型和特点有很大关系,因此仅分解到第 4 层,结构分解 EBS 编码如图 7-2 所示。以连续梁桥为例,则 01020101表示某连续梁桥土建工程的基础部分 EBS 编码如表 7-2 所示。

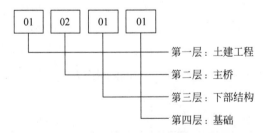

图 7-2　连续梁桥土建工程 EBS 分解

表 7-2 公路桥梁 EBS 编码示例

第一层	第二层	第三层	第四层
01 土建工程	01 引桥		
	02 主桥	01 下部结构	01 基础
			02 承台
			03 桥墩
			04 桥台
		02 上部结构	01 主梁
			02 横隔板
		03 桥面系	01 桥面铺装
			02 伸缩缝
			03 排水设施
			04 护栏
			……
		04 支座	

对项目进行 EBS 分解以后,即可使用 BIM 技术执行对桥梁的运营管理。基于 BIM 模型的公路桥梁建养一体化信息管理内容包括三个主要方面:设计阶段的产品信息、施工阶段的过程信息(项目管理信息)和运营阶段的运行和维护信息。

1. 设计阶段

以公路桥梁的某功能区段或专业系统为例,根据 EBS 分解其构件对象可划分为下部结构、上部结构、桥面系和支座。随着设计不断细化加深,设计阶段构件模型从基本形状不断细化到构件精确尺寸、形状、定位、方向及其他信息。除定义模型的边界条件、截面性质等,也需要定义材料类型、力学性能(如计算荷载)等。设计阶段基于 BIM 的模型管理主要分为三类:图形信息、设计信息和材料信息。

(1) 图形信息,即桥梁各组成元素的几何信息;

(2) 设计信息,即指桥梁设计过程中的控制性参数,如桥宽、跨径等;

(3) 材料信息,包括构件具体材料属性,如钢筋抗拉强度、混凝土强度等级等。

2. 施工阶段

BIM 技术在施工阶段应用比较成熟的方面有四维资源管理、四维施工模拟与进度管理、四维场地管理与运行空间分析、施工现场模拟、碰撞检查和工程算量等方面,施工阶段基于 BIM 技术的信息模型管理应提供的内容包括:

(1) 施工图纸输出、工程计量、设计变更信息管理;

(2) 质量、安全、进度管理等职能信息管理;

(3) 设备模型信息管理;

(4) 造价信息管理等。

3. 运营阶段

公路桥梁运营阶段基于 BIM 模型的信息管理在于通过建立设计、施工、监测和养护等数据统一的数字化信息平台,使建设和养护管理融为一个有机整体,提高公路桥梁养护管理

效率,其信息管理内容主要包括:

(1)在积累桥梁养护所需的设计和施工等信息的基础上,以桥梁构件为信息管理对象,不断更新桥梁构件在维护计划、退化诊断、维修和加固阶段的信息。

(2)结合桥梁管理内容对桥梁养护管理的业务过程信息进行管理,包括桥梁检测信息、桥梁状态评估与退化预测信息,以及维修加固计划等信息的管理。

(3)结合健康监测系统(如特大型桥梁等具有健康监测系统的桥梁),基于 BIM 模型与桥梁健康监测布局结合,可以直观观察到桥梁整体监控状态。将健康监测与养护管理相结合,实现桥梁基本数据信息、人工检查检测信息、健康监测信息一体化,对桥梁在施工和运营维护全过程中的数据信息进行直观、可视、合理、有效地监测与管理。

(4)与桥梁运营管理相关的信息,包括常规信息(车流量信息管理)和养护资金、设备资源等信息、日常办公信息等。

在分析公路桥梁项目管理信息的基础上,建立基于 BIM 的建养一体化信息流模型如图 7-3 所示。模型从下到上分别由数据层、模型层、交互层和应用层 4 个层次构成,数据层是 BIM 数据库;模型层是在 BIM 集成平台上基于 IFC 和 XML 标准生成的基础信息模型,可以针对建设项目生命期不同阶段和应用生成相应的子信息模型;交互层是网络交互平台,可以通过类似项目信息交互来实现;应用层是体系框架的最上层,不同的模块对应不同的 BIM 技术应用软件和功能子模型。

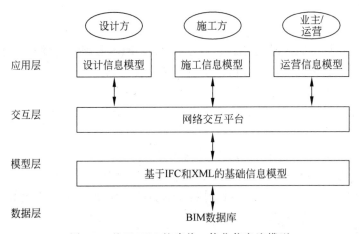

图 7-3 基于 BIM 的建养一体化信息流模型

因此,基于 BIM 的公路桥梁建养一体化信息构建过程如图 7-4 所示,其基本思路是随着工程项目的进展和需要分阶段创建 BIM 信息,即从项目决策到设计、施工和运营不同阶段,针对不同的应用建立相应的子模型数据。建养一体化参与主体也可以根据自身需求,通过各子信息模型对上一阶段模型进行数据提取、扩展和集成,形成本阶段信息模型,也可针对某一应用集成模型数据,生成相应的应用子模型,随着工程进展最终形成面向桥梁生命期的完整信息模型。

由此可见,BIM 模型资源通过整合可以实现桥梁运营过程中的共享与复用,进而提升 BIM 建模效率及质量,为运营阶段的养护、维修统计等提供有效数据源。伴随着 BIM 技术在桥梁工程领域的不断应用,桥梁构件也会越来越多,为了实现对桥梁 BIM 构件的有效管

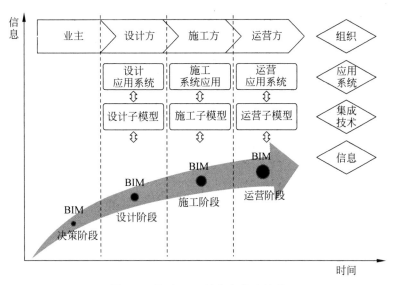

图 7-4　基于 BIM 的信息构建过程

理,提高建模效率,建立桥梁 BIM 构件资源库,实现 BIM 桥梁模型的有效管理具有非常重要的意义。

　　科学的构件管理工具,将有利于设计企业实现构件的标准化,方便设计人员对目标构件的检索、使用,提高建模效率,从而减少重复劳动,并保证了设计质量。目前国内许多 BIM 机构基于 Revit 软件开发了商用构件管理系统平台插件,例如:橄榄山族管家平台、鸿业族立得族库管理平台、红瓦科技族库大师平台、八戒 Revit 云族库系统、isBIM 族立方族库系统等。管理平台可采用线性分类体系,构件类目以树状形式显示,类目之间层级关系清晰,同时可以搜索关键字来快速找到目标构件,建模人员可在建模前应用族预览和构件参数窗口查看构件概况,也可以在窗口直接单击【打开编辑】按钮进入构件编辑环境或者单击【创建实例】和【加载】按钮将构件载入项目环境。【族管家】界面如图 7-5 所示。

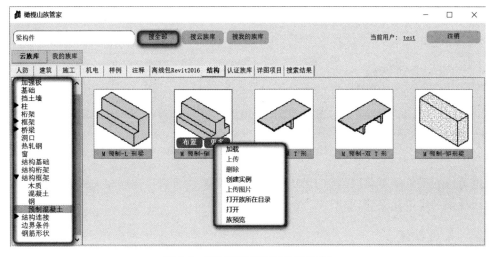

图 7-5　【族管家】界面(梁构件库)

　　桥梁 BIM 构件作为桥梁 BIM 模型的基础单元,具有独立性、可参数化驱动、复用性等特点,构件的规范化管理将有效提高建模效率和建模质量。通过对桥梁构件的分类可制作一些桥梁常用的 BIM 构件,如图 7-6 所示。

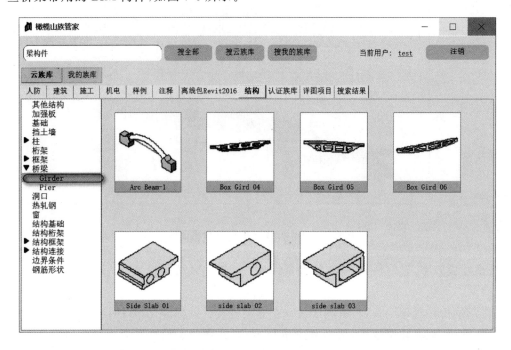

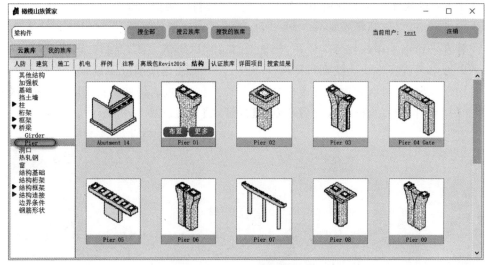

图 7-6　桥跨结构及桥墩构件族

　　也可以在手机端下载【品著 CCBIM 模型轻量化】,注册后可建立相关的桥梁 BIM 模型,并进行模型的轻量化管理,如图 7-7 所示。

7.2.2　人员管理

　　将 BIM 技术应用在桥梁运营阶段,不仅要实现数据的有效流通和集成,还需要组建一

图 7-7　品茗 CCBIM 桥梁模型管理

支高效专业的 BIM 运营管理团队。这个团队以运营经理为首（即运营阶段的项目经理），负责制定建筑工程运营管理的总体规划，直接对业主负责。同时团队不仅要有从事各职能工作的专业人员，还应当有一位对桥梁工程各个专业都有一定掌握的专业 BIM 工程师，同网络工程师共同负责数据集成平台的维护，使信息平台能够成为一个动态的数据库。

　　运营阶段的人员管理也可借助 BIM 相关软件来实现，例如应用【品茗 CCBIM 模型轻量化】建立项目管理人员通讯录，进行分组管理，如图 7-8 所示。

图 7-8　品茗 CCBIM 人员管理

同时也可以利用软件对相关项目参与人员进行通知等任务发放,包括材料、质量、安全、进度、其他任务等。其运营管理平台也可借助此软件功能发放其他养护任务,实现桥梁运营阶段人员的任务管理。这里以桥梁运营阶段更换隔离锥筒为例,如图 7-9 所示。图中创建了更换隔离锥筒的任务,并指定相关责任人进行任务发放,实现运营阶段的人员管理。

图 7-9   品茗 CCBIM 指定人员发放养护管理任务

7.2.3　数据管理

桥梁运营阶段管理平台的正常运转,离不开背后强大的数据库支持,因此,在建立管理平台之前,首先要建立满足各种功能的数据库,实现数据相互连通。运营阶段数据库的建立,就是搭建能满足运维阶段所有工作内容的存储、调用、分析、预测等功能的数据信息系统。

桥梁工程运营阶段的 BIM 数据信息流是由众多的工程参与方创建、使用和维护的,具有不同的数据信息交互方式和存储格式。任何的数据信息流交互过程都涉及大量数据,而运营阶段是项目最终阶段和周期最长的阶段,BIM 数据信息会不断地积累。而桥梁运营阶段是处于设计和施工阶段之后,由于工程项目数据流的继承性,这两个阶段的数据信息也会被传递到运营阶段。在设计阶段,主要产生的是模型的数据信息,例如构件材质、几何尺寸等,而在施工阶段会产生因质量、进度和安全管理产生的数据信息,这两个阶段的信息都有助于桥梁运营阶段的养护管理实施。运营阶段的数据信息除了继承工程设计和施工阶段的数据信息以外,最主要的还是来自其运营阶段本身的数据信息,如检测数据、维修加固信息、费用信息等,并且这些数据都具有明显的动态性。运营阶段的信息流主要分为三个层次:数据产生、数据集成和数据应用。

通过分析桥梁运维阶段的 BIM 数据信息流,可得出面向运维阶段的 BIM 数据信息流具有以下特点。

(1)数据来源广。运维阶段的数据不仅集成了设计和施工阶段的信息,同时整合了在运营过程中的各类数据,其中包含业主方、设计方、施工方和运营方等参与主体,并且这些参与方不属于同一个系统,它们产生的数据信息具有多源性,具有存储分散等特点。

(2)动态性。运营期是桥梁全寿命周期中最长的阶段,桥梁结构的受力状态、缺损状态随着荷载和环境的变化而变化,从桥梁管理者的检查频率可知,桥梁数据在不断地增加和变化。

(3)数据类型复杂。桥梁运维阶段的 BIM 数据信息类型复杂,一类是结构化的数据信息,可以用固定的数据库技术来对它们进行存储,进一步实现数据的集成管理;另一类是非结构化的数据信息,包括文档、图片、报表等。

这里以 Navisworks 中的 DataTools 功能对数据管理进行简单的介绍。DataTools 支持 dBase、Excel、Access、SQL Server 等几种常见的数据库,通过 DataTools 功能将 Navisworks 中的场景图元与外部数据库链接起来并进行管理,通过更新数据库中的数据,将资料现状体现在模型上面,能够直观地看出施工部位的各项资料是否完整。DataTools 模块在 Excel 或者 Access 数据库和 Navisworks 模型之间建立了关联。其使用场景包括:设计师将不同文件格式的模型导入 Navisworks 后,仍然需要为 Navisworks 模型中的部分构件批量输入设备、构件信息,为下一步的施工模拟或者概算统计做准备;设备供货商或者维修加工商将自己负责的信息,通过 Excel 表格按照指定的模式提交给 Navisworks 模型管理者,管理者使用 DataTools 工具将这些信息批量输入模型中,而不必让设备供货商自己使用 Navisworks 输入这些信息。

DataTools 与 Revit DB Link 最大的不同是,Revit DB Link 只能用于 Revit 模型,DataTools 可用于不同数据库的链接。这里简单介绍 DataTools 数据管理过程。

首先,在 Navisworks 中选择 DataTools 功能新建数据库链接,设置名称为拱桥资料,选择链接驱动为 Microsoft Excel Driver(* . xls, * . xlsx, * . xlsm, * . xlsb),在字段名称中依次输入数据库中的字段,选择已创建的数据文件,配置 ODBC 驱动程序。在【SQL 语句】中输入【SELECT * from[Sheet1 $]where"构件名称"= ½ prop("项目","名称");】,使数据库中的 ID 与场景中的模型构件 ID 对应起来,实现模型构件与数据库中的数据一一对应。

打开【编辑链接】对话框可对已链接的数据库进行编辑,如图 7-10 所示。

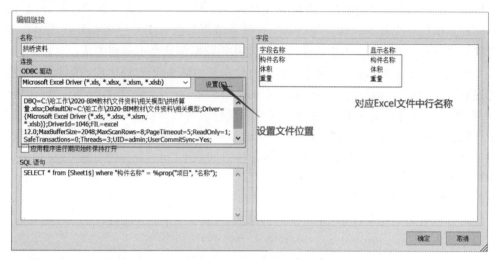

图 7-10　数据库的链接与编辑

其次,数据库链接配置完成后,在 Navisworks 中选择不同的模型构件,在【特性】对话框中将会对应显示该构件的数据资料,如图 7-11 所示,在图中可以显示主拱圈的构件名称、体积和重量,通过该功能能够实时查询模型构件的数据资料是否齐全。

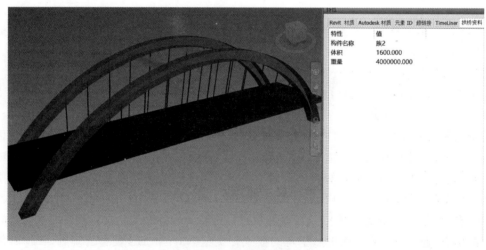

图 7-11　构件数据资料

Navisworks 除了模型整合之外,同时还支持文档、HTML、音频、视频及 Navisworks 文档等多种不同的外部数据格式,可以通过链接工具将施工图片、文本、超链接等外部数据文件链接到模型中。

　　最后,选中构件模型,利用【添加链接】工具添加相应的施工照片。添加完成后,选中【常用】选项卡下【显示】面板中的【链接】工具,则在模型中会显示运营照片标签,单击标签会弹出已添加的运营照片,如图 7-12 所示。

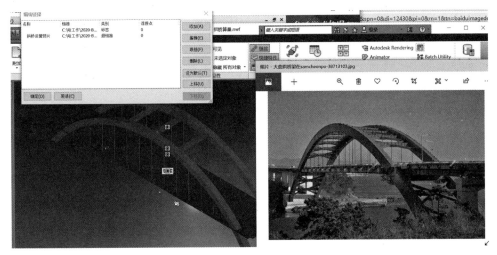

图 7-12　运营照片链接

　　除此之外,还可以链接运营管理单位信息,通过超链接的方式添加运营管理单位网址,以及某些复杂构件施工工艺的动画技术交底、工程文本信息等,通过这种方式拓展了 BIM 模型的数据管理手段,丰富了 Navisworks 在数据资料管理方面的形式。

7.3　制定维修整改实施方案

　　桥梁的维修整改实施方案是在评定结果的基础上进行的,根据获得的全桥技术状况等级制定相应的维修对策,主要为正常保养、小修维护、中修、大修加固和改造重建 5 类。根据桥梁的技术状况等级,判定出该桥梁的维修整改方案,同时在桥梁辅助决策支持系统提供维修养护建议的基础上,读取相关的结果来编制维修整改建议。具体内容如下。

1. 应用 BIM 辅助桥梁检查

　　桥梁的技术状况评估是在基本信息和检测数据的基础上进行的,桥梁检查就是对检查数据进行采集和处理,是评估决策的基础。由于桥梁检查是桥梁养护维修管理的第一步,其资料的正确性及完整度将直接影响后续流程的进行,因此正确及完整地记录检测结果是非常重要的。桥梁检查主要分为经常检查、定期检查和特殊检查三个类别。其中,桥梁的定期检查是在经常性检查结果的基础上,由多名桥梁检查工程师进行现场协调、病害判断与记录、桥梁各部件的技术状况评定和编写定期检查报告等实现的检查过程。在熟悉待检桥梁的相关资料及上次定期检查报告的基础上,桥检人员以目视加结合仪器的观测方式进行检查,仔细检查各部件缺损情况,并记录相关的信息。不仅需要现场标记桥梁的缺损范围与检查时间,并且对桥梁严重缺损部位拍摄照片和填写桥梁定期检查原始记录,最后对该桥梁进行定期检查报告的编制,具体流程如图 7-13 所示。

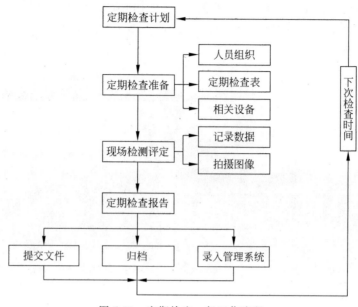

图 7-13 定期检查一般工作流程

从桥梁检查的工作流程(图 7-13)可知,检查的过程实质上是信息获取和传递利用的过程。但由于目前桥梁管理者存在"重建轻养"的思想,导致桥梁养护管理过程的细致程度不够;同时因采用目测的方式进行检查,桥梁缺损的评定受人为因素的影响较大,有时不能客观准确地反映桥梁实际情况。值得一提的是,目前由于许多老旧桥梁的基本资料丢失和检测数据尚未得到较好的保存,导致桥梁存在失养或养护不到位的现象。面对这类传统模式下桥梁检查过程中存在的问题,利用 BIM 技术信息集成度高和可视化程度高等特点,在不改变传统的检查流程下设计出新的检查模式是非常有必要的。

基于 BIM 的桥梁检查模式中,将桥梁缺损模型作为桥梁的检查信息库,并利用移动终端等技术辅助桥梁检测人员进行检测,基于 BIM 可视化、信息化的特点对传统的桥梁检查过程进行优化,主要包括预检查阶段、现场检查阶段和信息处理阶段。

1) 预检查阶段

根据桥梁的检查计划,检测人员在进行现场检查时需要对桥梁基本数据、历史检测报告等进行熟悉,做到心中对桥梁状况一目了然,并且能够明确本次检查的优先顺序和重点检查的部位。应用 BIM 技术仿真桥梁三维信息模型,不仅能够直观形象地反映桥梁的真实形状和受力特点,而且这个信息的集成体,包含了桥梁所有的相关资料和数据,辅助检测人员更好地熟悉桥梁的基本状况。因此,在 BIM 的桥梁检查模式之下,检测人员无需在档案库中翻阅查找各座桥梁的相关资料,通过模型即可实现对桥梁构件的尺寸、形状和构造等相关信息的查阅,并且该过程是直观形象的。

2) 现场检查阶段

在 BIM 应用平台中,信息模型不仅能够在 PC 端实现三维模型的查看与修改,同样能够利用移动终端技术将模型传至手机端或平板端,结合 BIM 的信息化和可视化特点,实现历史检测数据在模型上查看与检索以及最新数据的上传等功能,具体功能如下所述。

（1）定位病害。

由于桥梁结构的特殊性，其隐蔽部位较多，且某些细小的病害未能引起重视，导致病害逐渐发展到影响结构安全的存在。基于信息模型可视化展示病害的功能，能够对桥梁结构中的病害全方位展示，使桥梁检查人员能够直观形象地了解全桥的病害分布状况。同时，三维模型能够对病害的缺损程度以不同颜色进行展示，在检查时，能够迅速了解本次检查的重点部位以及快速准确地定位检查目标，特别是对检查计划表中明确要重点检查的部位。对于第一次检查该桥梁的检测人员也能够帮助其迅速捕捉到检测的重点，减少因经验不足而造成有缺陷却没有检测到的可能性。

虽然在现役的公路桥梁管理系统中能够实现对桥梁历史检测和维修数据的存储和查阅，但由于此类数据缺乏可视化性能，导致在下次检查中未能被有效利用，检测人员也不能准确把握桥梁的状况发展。而桥梁信息模型不仅实现了病害的三维可视化模拟，而且各个构件上都存储了相关的缺损数据（照片、缺陷描述等），使得模型元素具有工程属性和相关信息。检测人员在信息模型的帮助下，能够对各个构件的病害查看其历史检测数据，并基于四维（三维加检测时间）功能掌握病害的发展趋势，为病害评定提供参考性建议。

（2）信息共享和实时传递。

在桥梁的日常养护和定期检测中，需要对发现的病害信息进行现场拍照并将其评定等级记录到纸质记录册上，再进行相关的内业工作。移动端的数字化移交改变了这种模式，使得工作效率得到了较大的提升。例如：现场检测人员发现桥墩处有一明显的裂缝，即可通过从缺陷模块族库中选择相应的裂缝族进行缺损的添加，同时将其现场照片和相关文字描述直接上传到模型中所对应的桥墩上。在 BIM 技术的支持下，使养护检测人员在记录病害时对病害位置的记录更为精确，并且能够将信息实时共享，提高了数据的及时性和工作效率。

3）信息处理阶段

在完成对桥梁构件的检查后，桥梁工作者需要进行检查记录表的填写，记录各部件缺损情况并做出技术评分，同时以检测报告的形式给出桥梁的主要病害总结和维修养护建议。基于 BIM 的桥梁检查模式下，桥梁的病害信息能够以三维模型为基础，通过缺损模块的形式将病害进行完整的记录，故桥梁检测人员在进行主要病害总结时可根据模型以及图像等较为迅速地编写结论。同时，在进行数据处理时，能够利用模型结合检测时间轴比较不同检测阶段和不同类型病害的记录，对其进行历史的、空间的判断。应用 BIM 技术可以在桥梁缺损模型中以不同的颜色来显示桥梁构件和全桥的技术状况等级，其中二类桥梁可设为绿色，三类为黄色，四类为橙色，五类为红色。桥梁工作者能够通过简单的颜色标记了解桥梁状态，迅速收集需要维修的构件以及在桥梁群中显示需要优先维修的桥梁，如图 7-14 所示。

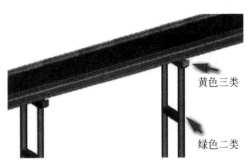

黄色三类

绿色二类

彩图 7-14　　　　　　　　　　图 7-14　桥梁构件评级可视化展示

2. 基于 BIM 桥梁技术状况评定

现有桥梁评估的方法众多,主要有以下几种方式:常规综合评估法、专家系统法、层次分析法、模糊综合评估法以及神经网络法等。目前,层次分析法是应用最为广泛的评估方法,例如中国公路桥梁管理系统(CBMS)中的评估方法就是此类算法,即根据《公路桥梁技术状况评定标准》(JTG/T H21—2011)中的计算方法对桥梁技术状况进行评定。

公路桥梁技术状况评定采用分层综合评定与 5 类桥梁单项控制指标相结合的方法,先计算构件各检测指标扣分值,算出各构件得分,再计算部件得分和结构得分,最后计算整座桥梁得分。同时,依据"当主要部件评分达到 4 类或 5 类且影响桥梁安全时,可按照桥梁主要部件最差的缺损状况评定"这一重要条文进行综合分析,结合桥梁技术状况分类界限表进行最终桥梁技术状况等级评定。

针对上述评定方法,通过 BIM 相关软件进行编程开发,可分别对桥梁构件、部件、结构和全桥评定这 4 个部分进行设计。首先确定桥梁底层评价指标及其评定标准,其次对桥梁各构件进行评估,然后对桥梁各个部件进行评估,再对上部结构、下部结构和桥面系分别进行评估,最后进行全桥技术状况评估。在系统设计时,预先设置好桥梁评估所需的相关参数。

在 BIM 技术下的桥梁技术状况评估,是利用 BIM 模型的信息集成度高和信息可视化展示等特点,针对传统评估过程进行优化,从而提高桥梁养护的精细化管理。以下从传统评估中的困境出发,分析 BIM 技术在桥梁状况评定过程中的优势及特点。

1)评估自动化

由于桥梁构件、病害类型繁多以及检查次数频繁,在计算桥梁技术状况评分时往往需要耗费大量的时间以及人力,该过程包含大量的重复性工作。根据相关调研,目前也有部分桥梁检测单位利用 Excel 的计算功能对评估过程进行程序化的设计计算,但该过程未能提供较好的评估界面,不能直观了解病害的信息。利用 BIM 软件对桥梁状况评定进行程序设计,可以实现评估的自动化,减少评定的工作量。

2)评估精准化

在传统的桥梁评估过程中,由于以规范中的计算方法进行评定时缺乏对构件病害的具体分类和更具体的状态评定标准,因而构件状态量化的过程具有很大的主观性,同时造成在实际操作中往往同一构件不同检测人员评估得出差别较大的评估结果。基于 BIM 的桥梁评估模式能够利用信息模型中缺损模块的形象展示,以及对现场病害照片的查看,为评估提供准确的病害描述,并能够基于时间参数形成构件的技术状况时间轴。同时,BIM 模型中的三维缺损模块能够实现四维的展示,即通过对模型上的病害按批次进行显示,实现病害的追溯性管理,并用于分析病害的演变情况,提高对病害的推断能力。

桥梁构件病害的发生往往是多种因素相互作用的结果,一个构件的病害是多种类型的,例如碳化、锈蚀和裂缝,这些病害不一定完全独立,如果单纯用一个指标去标定,则显得太粗糙,必产生对病害评定的不准确性。利用 BIM 技术对病害实现的可视化展示,可查看该构件以及相邻构件的病害状况,从而辅助检测人员进行病害标度的判断。

3)评估结果的可视化

在规范的评估方法中,桥梁技术状况评定的结果展示主要是以全桥状态的等级体现,这种方式可能会导致某些重要部件出现严重影响结构安全破损的情况时,却得出较好的评估结果,造成危险程度被掩盖。在对桥梁构件、部件以及全桥进行颜色编码的基础上,不仅能够通过颜色快速了解桥梁的技术状况等级,同时能够对重要部件的缺损状态进行展示。

3. 基于 BIM 的辅助决策建议

在桥梁检测报告中除了对桥梁病害记录、技术状况评分和主要病害分析外,还包括制定该桥梁的养护维修建议,可根据全桥的技术状况等级选择相应的维修对策,为养护管理的实施提供参考性意见。根据基于 BIM 的桥梁辅助决策支持系统,能够运用桥梁信息模型与专家知识库的交互来实现对各类病害的养护维修对策建议,通过病害的成因识别和病害处理措施自动获取决策建议,为桥梁评估决策提供知识储备和辅助支持。

基于 BIM 的养护决策建议是指在桥梁信息模型的基础上,通过设计决策软件为用户提供操作界面,并读取桥梁技术状况评估结果作为养护维修对策的参考,以及调用桥梁辅助评估决策支持库中的相关信息,并综合全桥状态对桥梁的养护维修提供决策建议。在 BIM 技术下的桥梁决策建议模块能够实现如下功能特点。

1) 基于生命过程的养护决策

基于生命过程的桥梁养护即充分利用桥梁设计、施工和运营阶段的相关数据,结合桥梁技术状况评估,形成科学有效的养护维修决策。在 BIM 技术的基础上可以实现信息的完整记录及快速查询,为决策提供必要的支持。同时,桥梁信息模型中记录了桥梁构件的材料、成本等信息,在决策建议时能够根据缺损模块确定损伤维修量,从而结合成本数据初步定出病害的维修成本。

2) 多元化的决策

基于 BIM 技术的桥梁养护管理平台能够实现桥梁维修加固的多元化决策,实现桥梁病害辅助决策建议的自动化,能够根据病害的控制参数给出相应的养护维修措施。在进行辅助建议的过程中,病害与相关的维修对策并非是一对一的关系,因为病害的成因决定了其维修措施的多样性,系统能够针对某一种形式的病害,在模拟专家经验的情况下给出一种或多种相对应的维修措施。维修决策过程是可以根据实践不断完善的,利用模型的可共享性将积累的知识和经验进行推断,为以后类似的病害分析、运营管理处置提供有力的技术支持。

3) 决策的可视化

在桥梁信息模型的基础上,记录病害的现场照片,用以提高养护数据管理的可视化程度。图像数据库的建立能够为养护决策人员在病害成因分析时提供初步判断的依据,同时,通过将病害图像与检测时间轴相互关联,能够对病害的发展进行分析,更全面地掌握病害的状态,为制定合理的养护方案提供全面、准确的信息。值得关注的是,对某些难以识别的病害进行辅助判断,可根据之前的经验以及处理措施,为此次评定起到参考和借鉴作用。

4) 可追溯性

对于某些病害并未达到规范限值,可进行加强观测,通过 BIM 技术对其设定相应的颜色进行标注,可提醒该处需要加强观察,同时可查看该病害的发展过程。由于桥梁信息模型的参数化特点,可将维修加固后的状态反映在三维模型之上,便于后期对维修加固后的桥梁进行观察和追踪,也便于检查人员验证成因和加固效果。

7.4　风险因素分析

对桥梁工程项目来说,能够在各个阶段识别风险并且有效地进行预防对整个项目进程的安全推进有着十分重要的意义,风险发生的原理较为复杂,要想完全消除控制风险也存在一定困难,学术界也有各自流派的争论,但是大致概括起来是致险因子产生作用以及在时间和空间上恰好契合事故产生条件,才最终导致了事故的发生,造成危害。桥梁工程属于复杂的工程项目,其在全寿命周期的各个环节都应该做好相应的安全风险控制。桥梁工程风险遍布每道施工工序,每个环节都有发生风险的可能性。主要存在的安全风险有规划设计阶段的风险、施工阶段以及运营阶段的风险。在设计规划初期,如果设计人员不能够完整地按照实际需求进行桥梁设计,将会直接对后续的项目推进产生影响。因此规划阶段的风险对于桥梁项目全寿命周期来说隐蔽性很强,因为在项目初期,存在很多不可控的因素,一旦发生设计风险,将会埋下风险隐患,一旦发生安全事故,造成的各类损失也十分巨大。下面就对各阶段风险进行分析,并结合 BIM 技术对桥梁风险的评估和预警等内容进行介绍。

7.4.1　各阶段风险分析概述

桥梁项目初期设计阶段,面临的工作十分复杂,需要整合的信息也很繁杂,在初期的地形勘察选择上,设计师需要综合考虑所建桥梁位置的地质水文条件,以此来判断桥梁的类型以及合适的结构,初期数学计算以及桥梁受力检查等各类问题,都需要设计人员耗费大量的人力、物力。如果在前期的项目设计阶段出现信息搜集不全面或者所选实验模型存在误差等都会在初始阶段使得设计风险骤然上升。由于在设计阶段的设计人员失误以及相关理论知识的储备不够充分都会造成严重的后果,因此设计阶段的风险也值得建筑行业关注。

在桥梁施工阶段,涉及的风险来源更加广泛,不仅仅要面临现场各类机械设备以及施工工作人员的不安全行为和自然风险,还要承继来自设计阶段可能潜在的安全风险,一旦设计阶段存在设计失误或者是设计缺陷都会在施工阶段显现出来。施工阶段的安全风险更加受到社会关注,通常社会舆论监督也都集中在施工阶段。实际上,只要前期规划设计得当,有很大一部分的风险隐患都能避免。在风险评价理论中,经过对工业领域安全效益的量化分析,可以得到具有重要意义的金字塔法则,其结论是:系统设计 1 分安全性=10 倍的制造安全性=1000 倍的应用安全性。由此可以说超前预防型效果优于事后型整改效果,因此,主张在项目推进的各个环节的初始设计阶段充分重视安全因素的考虑,将潜在的安全风险尽可能消除在设计阶段。同时在施工阶段编制好翔实的施工计划以及施工方案,科学有效地进行施工现场的科学管理,将风险控制在可承受范围之内。桥梁工程作为交通领域的关键环节,一旦施工阶段发生风险事故,就会产生较大的社会影响,因此该阶段的风险管控也是需要格外重视的。

在桥梁后续运营养护阶段,同样面临着各式各样的风险,包括潜在的自然风险、交通安全事故、桥梁结构检查保养不到位和荷载超出设计预期等安全因素,但是其在运营维护阶段属于项目成型阶段,可以辅助以种类多样的科学技术进行科学管理,可操作性大,能够处理的事故种类多样。

7.4.2　BIM 技术在桥梁风险分析中的优势

BIM 的参数化信息模型是不断更新和优化的,而且其对整个生命周期的全部信息都能够完成数据信息的储存和收集,在项目设计—施工阶段的各类信息都会在 BIM 模型中进行信息汇总,能够在运维管理阶段得到一手的宝贵信息,快速查阅到该类构件的出厂—使用—维护的全部信息。这也在侧面弥补了传统运维管理的信息闭塞、管理信息丢失、查找信息困难等各种不利因素。

同时在运维管理阶段,BIM 信息模型能够提供所有建筑项目的各类构件及其在内部的各种管线和线路铺设等方面的信息且能够直观地展示在维护人员面前。而传统的运营维护,管理人员只能依靠自身的实际经验和自身的辨识能力和最初的设计图纸来进行位置的确定,在紧急情形下会大大增加事故发生的可能性,而 BIM 技术的应用可以大大增加运维管理的安全可靠性。

除此之外,BIM 三维信息模型可以在运维管理阶段辅助管理人员进行人员位置的确定和潜在风险隐患的识别,定位到模型的具体位置进而根据现场情况进行处理维护。BIM 三维信息模型同时能够对事故应急预案进行方案模拟,例如公路的车流量荷载对桥梁结构的影响,以及发生道路交通事故需要进行的应急处理方式等,可以将风险隐患消除或者将损失降到最低,这部分的内容需要借助"BIM+"的理念,在依托 BIM 三维数字模型的基础上,充分利用物联网、RFID、大数据等相关的信息技术,提升运维管理水平,实现最初的设计寿命使用期限,甚至超龄服役。

7.4.3　风险分析过程

应用 BIM 技术对桥梁各阶段实行风险分析的过程包括工程阶段化划分、工程信息提取、工程仿真模拟、工程预警及信息反馈、风险评估、风险评价等级划分和风险控制、风险预警共 7 个方面,以下对其具体分析过程进行简要叙述。

1. 工程阶段化划分

对工程项目进行工程阶段化划分,应用 BIM 技术及相关软件,以桩基础工程为例,将桩基础工程分为桩柱工程和桩帽工程两个阶段实现工程阶段化的划分,具体步骤如下:

(1) 在创建的桩基础工程项目中,应用【管理】选项卡对项目的阶段进行划分,这里划分为桩柱施工和桩帽施工。

(2) 在桩基础工程项目中,选择 4 根圆柱形桩基构件,并在【属性】栏的【创建阶段化】中选择【桩柱施工】;同理,以同样的方式将桩帽构件全部设置为【桩帽施工】,进行如图 7-15所示桩基础工程阶段化划分。

(3) 分类完成后,在三维视图属性栏中可以在【阶段过滤器】中对相应阶段进行选择,设计模型中会根据阶段的选择只显示当前阶段的构件,方便项目的管理。

运用 Revit 软件对创建的构件进行阶段化划分,可以根据工程阶段进行分项分解,将每个分项工程构件从整体模型中单独提取观察研究,完成各个分项工程在运营阶段安全风险评估预警的目的。

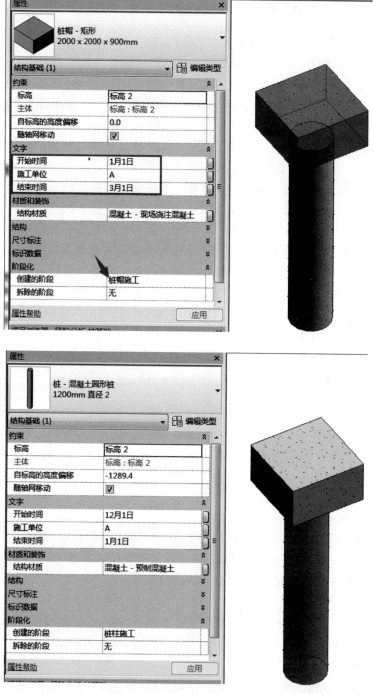

图 7-15　桩基础工程阶段划分

2. 工程信息提取

由于创建桩基础工程的构件都是带有数据的建筑信息模型，运用 Revit 软件能够轻松快捷地对模型的各个参数和数据进行统计，只需要在【项目浏览器】中新建明细表，并按照顺序选择明细表中想要提取的信息,如图 7-16 所示,这里选择类型、体积、施工单位、开始时间、结束时间,生成明细表得到桩基础工程施工信息明细表。

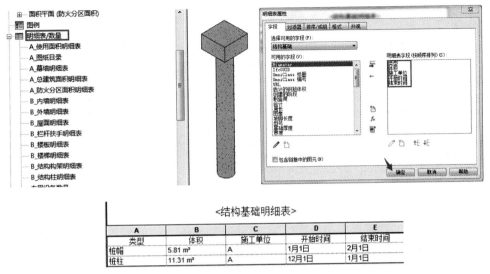

<结构基础明细表>

A	B	C	D	E
类型	体积	施工单位	开始时间	结束时间
桩帽	5.81 m²	A	1月1日	2月1日
桩柱	11.31 m²	A	12月1日	1月1日

图 7-16　桩基础工程信息提取

将带有运营信息的 BIM 构件创建完成后,能够快速、准确、全面地对工程或分项工程中与施工安全风险相关的信息进行提取整理和分析。方便对构件运营阶段安全风险评估预警的资料进行整理,为评估指标的确定和评估参数打分提供重要的数值依据。明细表中还能够插入相应的公式,可以直接在 Revit 软件明细表中对运营决策安全风险评估参数进行相关计算,节省施工安全风险评估时间,提高分析评估预警的整体效率。

3. 工程仿真模拟

信息的分析和模拟是相辅相成的,是工程中发现问题和解决问题的一种手段。模拟通常是对信息的分析结论的一种生动形象的表达,是一种视觉上的表现形式。没有 BIM 也是可以做出模拟的,但是往往工程的复杂性会使模拟的制作更加复杂,对这样工程的整体模拟和施工模拟的成本就会偏高,得不偿失。而 BIM 技术集成了"设计-分析-模拟"三个阶段,在设计阶段对其参数值进行设置,设计完成后,整体模拟自然形成,并且即使设计发生改变,模型参数也会跟着设计发生改变。

BIM 技术中使用 Navisworks 软件可以实现项目的三维漫游检查,三维漫游检查在视觉上冲击很大,可以模拟实时的施工环境和场景,可使用 Navisworks 软件对工程项目用第三人称视角进行全方位的观测。

4. 工程预警及信息反馈

假设对桥梁工程运营安全风险参数进行计算分析整理后,得出的结论是:桩基运营为红色警报,需采取 A 措施进行处理;桩帽施工为黄色警报,需采取 B 措施进行处理。

使用 Revit 软件对桥梁工程运营进行预警。在不改变构件材质的情况下直接对构件进行选择,单击右键选择【替换视图中图形】-【按图元】,在【视图专有图元图形】中对表面填充图案进行实体填充,并分别对构件选择相应的预警颜色。最后根据构件信息参数设置方法,对需采取措施的信息在构件中进行反馈,选择桩基 3,得到的效果如图 7-17 所示。

图 7-17　桩基础预警及信息反馈

通过桩基础工程预警及信息反馈的效果可以得出,使用 BIM 技术可以成功根据工序分解成不同的阶段,并且能够对每个阶段工程的安全风险评估结果和预防措施信息分别进行颜色展示和反馈,可以使桥梁工程运营安全风险评估预警结果和效果更为直观。对于单个构件的运营安全风险防范措施也能完整地呈现在构件的属性信息中,方便养护施工工作人员查阅参考。使用 BIM 技术对桥梁运营安全预警和安全措施信息反馈可行性高、效果好。

5. 基于 BIM 风险评估

在 Revit 软件中建立桥梁工程三维模型后,可以对每个分项工程构件进行阶段化分类管理,于是可以使用 Revit 软件对桥梁运营的分项工程进行阶段划分,为每个阶段分项工程的管理和风险评估预警提供了便捷条件,为后续风险预警信息反馈也提供了有利帮助。

6. 基于 BIM 的风险评价等级划分和风险控制

风险评价等级划分的主要工作为结合现有的等级划分准则,根据工程运营安全风险程度造成的不良后果,对其工程的运营安全风险进行运营安全风险等级划分。风险控制的主要工作为根据目标工程的运营安全风险评估值确定其风险等级,提出适用于该工程施工安全控制的措施和意见。

需要结合 BIM 技术对桥梁运营安全风险评价等级进行划分,对每个层次进行颜色划分,为该工程的风险预警信息反馈做好铺垫,效果较好。通过对模型进行施工现场模拟分析得出风险控制方案,可以看出该方案对运营安全风险控制的实际效果。

7. 基于 BIM 的风险预警

风险预警的主要工作是将桥梁运营安全风险评估结果和风险事故预防措施及意见进行有效的反馈,达到预警的效果。通过该桩模型构件的效果可以得出,使用 BIM 技术可以成功将桥梁运营安全风险评估结果和预防措施信息进行颜色展示和反馈,可以使工程的评估预警结果和效果更加吸引各个参建方的眼球,引起各个参建方对工程运营安全风险的重视。

7.5　本 章 小 结

　　本章从 BIM 技术在桥梁运营管理阶段的应用进行介绍,从 BIM 管理的应用、模型管理、人员管理、数据管理等方面介绍相关管理手段及方法,为后期 BIM 技术在运营管理方面的应用提供借鉴。通过参考相关文献资料介绍制定维修整改实施方案的决策建议,并从工程阶段划分、信息提取、仿真模拟、预警及信息反馈等方面进行风险因素的分析。

参 考 文 献

[1] 沈阳建筑大学.装配式混凝土结构建筑信息模型(BIM)应用指南[M].北京：化学工业出版社,2016.
[2] 丁烈云,龚建,陈建国.BIM应用·施工[M].上海：同济大学出版社,2016.
[3] 何关培,应宇垦,王轶群.BIM总论[M].北京：中国建筑工业出版社,2015.
[4] 黄强.论BIM[M].北京：中国建筑工业出版社,2016.
[5] 葛清,赵斌,何波.BIM第一维度：项目不同阶段BIM的应用[M].北京：中国建筑工业出版社,2013.
[6] 施平望.基于IFC标准的构件库研究[D].上海：上海交通大学,2014.
[7] 王珺.BIM理念及BIM软件在建设项目中的应用研究[D].成都：西南交通大学,2015.
[8] 卢琬玫.BIM技术及其在建筑设计中的应用研究[D].天津：天津大学,2013.
[9] 戴文莹.基于BIM技术的装配式建筑研究[D].武汉：武汉大学,2017.
[10] 李勇.建筑施工企业BIM应用影响因素的研究[D].武汉：武汉科技大学,2015.
[11] 李勇.建设工程施工进度BIM预测方法研究[D].武汉：武汉理工大学,2014.
[12] 张海龙.BIM在建筑工程管理中的应用研究[D].长春：吉林大学,2015.
[13] 施平望.BIM在建筑工程管理中的应用研究[D].上海：上海交通大学,2014.
[14] 朱芳琳.基于BIM技术的工程造价精细化管理研究[D].成都：西华大学,2015.
[15] 张明兔.BIM技术在土木工程中的应用[D].武汉：湖北工业大学,2017.
[16] 王少星.基于BIM技术的工程项目信息管理研究[D].北京：北方工业大学,2014.
[17] 徐梦杰.基于BIM的施工进度管理研究[D].徐州：中国矿业大学,2016.
[18] 冯楚雪.基于BIM的建筑结构设计流程管理研究[D].武汉：湖北工业大学,2016.
[19] 谢斌.BIM技术在房建工程施工中的研究及应用[D].成都：西南交通大学,2015.
[20] 胡铂.基于BIM的施工阶段成本控制研究[D].武汉：湖北工业大学,2015.
[21] 王少星.基于BIM技术的工程项目信息管理研究[D].北京：北方工业大学,2014.
[22] 张坤南.基于BIM技术的施工可视化仿真应用研究[D].青岛：青岛理工大学,2015.
[23] 黄子浩.BIM技术在钢结构工程中的应用研究[D].广州：华南理工大学,2016.
[24] 杨士超.基于BIM技术的建筑工程施工质量过程管理研究[D].北京：中国科学院大学(工程管理与信息技术学院),2016.
[25] 田晨曦.建筑信息模型(BIM)技术扩散与应用研究[D].西安：西安建筑科技大学,2014.
[26] 张明兔.BIM技术在土木工程中的应用[D].武汉：湖北工业大学,2017.
[27] 刘智敏,王英,孙静,等.BIM技术在桥梁工程设计阶段的应用研究[J].北京交通大学学报,2015,39(6)：80-84..
[28] 梅苏良,周与淳.中国BIM协同设计的现状分析[J]科技创新导报,2012(28)：4-5.
[29] 何波.BIM建筑性能分析应用价值探讨[J].土木建筑工程信息技术,2011,3(3)：63-71.
[30] 陆泽荣,叶雄进.BIM建模应用技术[M].2版.北京：中国建筑工业出版社,2018.
[31] 陆泽荣,叶雄进.BIM快速标准化建模[M].北京：中国建筑工业出版社,2018.
[32] 卫涛,李容,刘依莲.基于BIM的Revit建筑与结构设计案例实战[M].北京：清华大学出版社,2018.
[33] 朱溢镕,焦明明.BIM概论及Revit精讲[M].北京：化学工业出版社,2018.
[34] 四川省交通勘察设计研究院有限公司.桥梁工程BIM技术标准化应用指南[M].北京：机械工业出版社,2020.
[35] 龚静敏.桥梁BIM建模基础教程[M].北京：化学工业出版社,2018.
[36] 熊峰,郑荣跃.市政桥梁工程(宁波澄浪桥)全流程BIM工程化应用[M].北京：化学工业出版社,2017.

［37］　中铁四局集团第二工程有限公司.BIM 三维建模教程［M］.北京：世界图书出版公司,2018.
［38］　张吕伟,程生平,周琳.市政道路桥梁工程 BIM 技术［M］.北京：中国建筑工业出版社,2018.
［39］　王君峰.Navisworks BIM 管理应用思维课堂［M］.北京：机械工业出版社,2019.
［40］　王君峰.Autodesk Navisworks 实战应用思维课堂［M］.北京：机械工业出版社,2017.
［41］　皮特·罗德里奇.Autodesk Navisworks 2017 基础应用教程［M］.北京：机械工业出版社,2017.
［42］　曹少卫.BIM 技术在大型铁路综合交通枢纽建设中的应用［M］.北京：机械工业出版社,2017.
［43］　张鹏飞.基于 BIM 的大型工程全寿命周期管理［M］.上海：同济大学出版社,2016.
［44］　宋子婧.公路桥梁建养一体化信息管理研究［D］.南京：东南大学,2015.
［45］　王杨.BIM 技术在某市政隧道工程全寿命周期应用研究［D］.广州：华南理工大学,2018.
［46］　沈海华.基于 BIM 的桥梁养护管理研究［D］.重庆：重庆交通大学,2017.
［47］　胡旭.BIM 技术在钢箱叠合梁斜拉桥施工和运营养护中的应用研究［D］.广州：华南理工大学,2018.
［48］　邓聪.基于 BIM 的内河高桩码头前方平台施工安全风险预警研究［D］.重庆：重庆交通大学,2018.
［49］　李亚君.BIM 技术在桥梁工程运营阶段的应用研究［D］.重庆：重庆交通大学,2015.